Surface
玩全不求人

宁升 编著

人民邮电出版社
北京

图书在版编目（CIP）数据

Surface玩全不求人 / 宁升编著. -- 北京 ：人民邮
电出版社，2013.6
ISBN 978-7-115-31462-8

Ⅰ．①S… Ⅱ．①宁… Ⅲ．①便携式计算机－基本知
识 Ⅳ．①TP368.32

中国版本图书馆CIP数据核字(2013)第063012号

内 容 提 要

　　Surface是微软公司最新推出的平板电脑。本书通过通俗易懂的语言、直观的图示和清晰的操作说明，全面详尽地介绍了 Surface 的功能特点和使用技巧。

　　全书共 10 章。首先介绍了 Surface 的平台优势，然后详细说明了 Surface 的重点概念和基本操作。接下来的各章，分别介绍了 Surface 在个性设定、商务办公、影音播放、旅游出行、掌上书院、游戏娱乐等方面的应用和操作技巧。

　　本书遵循用户的使用习惯，从基本操作出发，按部就班地介绍在使用过程中需要掌握的技巧，适合 Surface 平板电脑用户以及对 Surface 感兴趣的读者阅读参考。

◆ 编　著　宁　升
　　责任编辑　陈冀康
　　责任印制　王　玮

◆ 人民邮电出版社出版发行　　北京市崇文区夕照寺街 14 号
　　邮编　100061　电子邮件　315@ptpress.com.cn
　　网址　http://www.ptpress.com.cn
　　北京精彩雅恒印刷有限公司印刷

◆ 开本：880×1230　1/32
　　印张：8.375
　　字数：227 千字　　　　　　　2013 年 6 月第 1 版
　　印数：1 – 3 000 册　　　　　　2013 年 6 月北京第 1 次印刷

定价：39.00 元
读者服务热线：(010)67132692　印装质量热线：(010)67129223
反盗版热线：(010)67171154

前　言

Surface 是微软推出的平板电脑，它全新搭载了 Windows 8 系列操作系统。它的出现，将在日渐同质化的移动操作平台领域，树起一杆全新的大旗。

界面设计方面，采用了磁贴式的 Modern 图标。图标因其关联应用所要展示的信息而存在，以简代繁。界面设计的意义重新回归于对信息的表达，而不再单一偏重于精美的外观。

资源管理方面，微软为音乐、视频、游戏等多项与用户有关的功能建立了统一的管理平台，以对资源进行有效管理。平台本身提供大量的优质在线资源供用户购买下载。平台还实现了在线社交平台之间、不同主机平台之间的互动。

在多任务管理方面，微软凭借其在桌面领域的强大技术优势，在多任务并行、多任务管理方面表现优秀。不仅在任务切换和管理上表现优异，同时还轻松实现了分屏、主从屏随心切换。

统一主机方面，微软提出了用于整合平台资源的微软账号。用户通过微软账号，可以在同属 Windows 平台的其他主机上，同步当前用户的自定义信息，如：界面风格、图书资源、游戏成就、音乐视频等。

商务办公方面，Surface 可以直接运行原生的 Office 应用。微软为了迎合平板电脑用户的需求，特别将 Office 与云文件管理软件 SkyDrive 进行整合。用户可以使用 Office 打开存储于云端的文件，真正实现随时随地的办公要求。

然而，Surface 在去同质化的同时，特有的手势系统、统一于微软账户的用户信息同步以及大量成熟构架的集成，都提升了用户的上手难度。面对这样一个复杂强大的系统，即便是使用 Windows 系统多年的高级用户，或是深谙平板应用的骨灰级发烧友，玩转新 Windows 都要下一番功夫。

目前，在市面上还没有系统介绍 Surface 使用的书籍，用户对于新系统的了解基本来自于网络上的只言片语，不仅回答简单，还不能保证正确性。本书深入浅出介绍 Surface 平板电脑的基本操作技巧，面向实际问题，帮助读者快速玩转 Surface，节省时间与精力。

内容安排

全书图文并茂、讲解细致，内容层次分明、由浅入深。书中配有大量最新版本应用的操作截图，一目了然，帮助读者快速上手。

全书分为 10 章。

第 1 章为全书总纲，点明 Surface 的功能特点。

第 2 章演示 Surface 的基本功能应用，涵盖基本输入、功能手势、网上冲浪、多任务管理、文件系统等多个方面。

第 3 章详细解释了 Surface 系统中的两项重要概念：磁贴和微软账户。阐述其在实际使用中的地位。

第 4 章列举 Surface 中几款常用软件，以应对不同的用户需求。在介绍过程中读者可以看到在平板电脑安装应用的方法。

第 5 章介绍如何对 Surface 进行个性化设定，具体包括壁纸、配色方案、密码等属性。

第 6 章为用户展示 Surface 商务事务的解决方案，细致阐述了 Office 应用套装、通讯录和备忘应用的使用方法。

第 7 章着眼于 Surface 的影音表现，本章前半部分为用户详细解读了 Surface 影音的库管理，后半部分为读者推荐了一些优质的第三方影音应用。

第 8 章重点介绍了 Surface 的出行解决方案，详细介绍了系统自带的旅游和地图应用的使用方法，同时为用户精心甄选了一款强大的地图应用。

第 9 章为用户呈现了 Surface 强大的阅读功能，Surface 上配置了包含海量信息的书库应用和快速即时更新新闻的资讯应用，应用组形成了一个有纵宽度的阅读空间。结合微软账户后，还可以轻松实现云阅读。

第 10 章介绍了微软的游戏功能，帮助读者使用系统内置的游戏应用实现在线社交、平台交互等功能，最后为用户推荐了几款风靡全球的游戏，一窥 Surface 游戏王国的风采。

写作特点

内容全面，完整表述：比较全面地介绍了新系统平台的功能特性与操作方法。本书涉及内容全面，基本可以满足初级用户的各方面需求。

图文并茂，讲解明晰：本书配有大量操作截图，辅以明了的文字注解，力图让读者快速掌握实际操作技巧。

全局视野，条理清晰：全书从基本操作逐级升至使用应用，一步步为读者扫除实际操作时可能遇到的问题。本书将 Windows 平台作为整体加以讲解，使用户对系统有更为全面深刻的了解，为以后高级的操作提供铺垫。

编者编著期间，受到业内多方的帮助与支持，在这里向给予本书无私帮助的同仁和朋友表达最真诚的感谢。感谢张阳、李广鹏、马会来、马宏、卞长笛、郑琪、王命达和杜强等参与本书的编写，特别感谢张铮先生，在策划与编著期间提供了大力帮助，促成本书顺利成稿。

本书由于编著时间所限，虽已尽力，但编者能力有限，难免挂一漏万，敬望广大读者与同仁不吝赐教，提出宝贵意见。

本书交流答疑新浪微博：@智能手机平板电脑达人。

编者
2013 年 2 月

目　　录

第 5 章　Surface 管理与设置

第 6 章　Surface 商务办公入门

Surface是现在，也是未来

Windows 8 是微软公司开发的具有革命性意义的操作系统，如图 1-1 所示。微软推出的 Surface 就是其最优秀的践行者。漂亮的开始屏幕、实用的 SkyDrive、靓丽的触控界面以及全新的浏览体验，配合精彩的 Windows 商店应用，Surface 为用户构建了一个神奇的操作新世界。

图 1-1　Windows 8

本章导读

- Surface 您拥有了吗？
- Windows 8 平板王朝的前世今生
- Surface 背景介绍

1.1　Surface 您拥有了吗？

习惯了 iPhone 实用手势操作的您，还用得惯笨拙的鼠标吗？

捧着 iPad 砍水果的您，有没有想过有一天处理 Word 文档也可以这么流畅？

背着厚重笔记本电脑在路上奔波的您会不会设想有一天，可以使用平板电脑讲播 PPT 文档？

拿着智能手机的您是不是还找不到好办法将手机里的照片传到电脑上？

那么，您准备好迎接 Surface 了吗？

搭载 Windows 8 操作系统的 Surface 希望为用户带来一个"触手可及"的世界，如图 1-2 所示。

图 1-2　Windows 8 触摸未来

新一代的操作系统 Windows 8 是具有划时代意义的操作系统里程碑。

随着平板电脑深入人们的生活，用户习惯了触摸的操作方式，习惯了随时随地查收邮件的办公节奏，而这些都是 Surface 乐于满足、并加以放大的重要特性，是当之无愧的微软移动办公设计理念的集大成者。

Surface 所具备的灵巧的全触摸人机交互、强大的同步功能、创新性的磁贴设计、开放的平台设计以及办公能力强大的 Office 系列应用等特质，在慢慢同质化的平板电脑市场上掀起了另一种风潮。

Surface 握有平板电脑世界中最强大的办公套装和实用全面的云服务，随着应用商店的逐渐健全，我们有理由相信 Windows 8 有实力续写微软在桌面操作系统上的传奇。

1.2　Windows 8 平板王朝的前世今生

Windows 8 是整个 Windows 家族的第 8 版操作系统。

事实上在 Windows 7 发布时，微软就已经加入对触摸操作的支持。但基本沿用了 Windows 家族式界面的 Windows 7，虽有试水之意，却并没有引起广泛关注。

在世界进入苹果纪之后，微软嗅到了危机的味道。一方面加速推动 Windows Phone 的普及；另一方面开始在全球范围内招兵买马，建立一支强大的 Windows 8 开发团队，希望利用其在桌面环境的优势建立一个统一的用户平台。

浩大的工程量与惊人的资金投入，为 Windows 8 王者归来做好了充足的准备。微软为用户提供的，不仅仅是一套先进的操作系统，更是一种被人们期待已久的办公生活方式，如图 1-3 所示。

图 1-3   Windows 8 新的开始

微软账号是建立云平台的核心，用户可以使用微软账号同步多部计算机、平板电脑和 Windows 电话的设置与资源；用户使用计算机编辑的文档可以直接通过微软账号同步至平板电脑予以演示与修改；在 Windows 平台手机上收藏的书籍也可以借由该账号将信息同步到计算机上下载或继续阅读。

这种移动的、不以用户使用设备为阻碍的生活办公方式顺应技术发展的趋势，必将在信息产业的发展史上书写出浓墨重彩的一笔。

1.3   你好，Surface

Surface 作为含着金钥匙出生的"富二代"，从诞生之日起就享受着得天独厚的优势背景，无论是 Office 强大的办公能力、长久积累的用户基础、抑或是成熟的多任务处理技术，都让这个新的平板电脑领导者备受瞩目。

微软将 Surface 投入市场，一方面，作为其平台整合战略部署的重要一环，将其定位为面向高档商务人群的优质移动终端，依靠多年的积累，力图在平板电脑行业中争得一席之地。

另一方面，Surface 又被认为是微软体系平板电脑的标杆，为微软阵营中的合作伙伴提供了技术实现上的成功案例。为微软逐步推进一套全新的，以用户为中心搭建的操作系统生态环境提供可能。

Surface 的诞生，预示着下一代操作系统理念的崛起。在后面的章节中您将看到一个使用方便、功能强大、内容丰富、以人为本的系统环境，它将以全新理念和实现方式改变您的日常生活。

微软推出的 Surface，有 Surface RT 和 Surface Pro 两个版本。二者虽然都搭载基于 Windows 8 的操作系统，但本质上的硬件架构不尽相同。最直观地来看，RT 版本的 Surface 不能运行传统的 .exe 程序，应用主要来源于 Windows 商店。而 Pro 版本的 Surface 却没有这种限制。

本书所涉及内容同时适用于 RT 和 Pro 两个版本，深入讲解了 Surface 平板电脑的使用与设置，希望可以成为读者打开 Surface 无限风光世界大门的叩门石。

Surface入门

　　Surface 为我们开启了一个与众不同、色彩斑斓的全新世界。在发现之旅的最开始，让我们先熟悉 Surface 提供的基本界面和基本操作吧。

　　本章导读

- 开始界面介绍
- 默认磁贴介绍
- 基本手势介绍

2.1　开始界面

　　我们已经完成 Surface 的初始化的配置，欢迎界面之后，映入眼帘的是靓丽醒目的开始界面，它可以包含您所关注的一切。这一切都用 Windows 新系统特有的强大的磁贴效果展示出来。

2.1.1　初探开始界面

　　首次进入 Surface 后，可以看到屏幕上显示系统默认的，重要的功能磁贴，如图 2-1 所示。这些磁贴各不相同，分别连接到联系人、应用、网站、播放列表或其他对您而言重要的内容。

图 2-1　开始界面

随着我们应用的逐渐增多，磁贴也会随之增多。您可以在开始屏幕中固定任意数量的磁贴，并按照所需方式排列。这些磁贴能完成同步新电子邮件、推特和日历约会等最新信息；他们也是重要应用、游戏、视频照片等应用的入口；最后 Surface 中重要的云服务，可以通过点击 SkyDrive 磁贴来体验。

2.1.2　超级按钮

超级按钮是新 Surface 中相当重要的一组功能按钮。超级按钮能帮助您执行常见任务，如搜索、共享和更改设置。超级按钮如图 2-2 所示，按钮栏始终位于屏幕的右侧。可以在任意界面下被呼出。

图 2-2　超级按钮

若要打开超级按钮，请使用手指从屏幕右边缘向左滑动（当您使用 Surface 的触控面板将光标移至右下角时，一样可以达到超级按钮呼出的效果）。

超级按钮有 5 个按钮，分别执行五大类功能，如表 2-1 所示。它可以提供最必要的系统功能属性。通过超级按钮，可以对系统进行有效的控制和资源管理。包括直连搜索、资源管理器、控制面板等在传统 Windows 操作系统中极重要的管理功能，在以后将会依次详细讲解。

表 2-1　超级按钮功能简介

🔍	**搜索** 找 Surface 上的应用、设置和文件，或在应用中进行搜索
☍	**共享** 共享链接、照片等内容，而不需要退出应用
⊞	**开始** 转到开始屏幕。方便用户进行其他的操作
⊡	**设备** 将文件发送到打印机或将电影流式传输到电视
⚙	**设置** 更改应用及 Surface 的设置

2.1.3　开始界面基本应用

在我们体会 Surface 带给我们的全新体验前，我们先认识一下 Surface 为我们提供的几项基本应用。使用他们可以让您的移动生活更加方便快捷，给您互联网时代最先进最贴心的服务。

1. 邮件

如图 2-3 所示，您可以在开始界面上找到名为邮件(Mail)的磁贴。

图 2-3　邮件磁贴图标

Surface 定位于高端商务人群，力图为用户提供一体化的商务解决方案。其内置的 **Mail** 功能，可以集成 **Outlook**、**Gmail**、**163**、**sina**、腾讯等多种类型的邮件信息。方便用户一次性获取各邮件系统的信息，大大提高了工作效率。

当您点击进入 **Mail** 磁贴，**Surface** 会询问所关联邮箱密码，当邮箱通过验证后，**Surface** 会将该邮箱的相关信息同步到您的平板电脑上，效果如图 2-4 所示。其具体的同步方法，和多邮箱统一管理等功能将在第 4 章进行介绍。

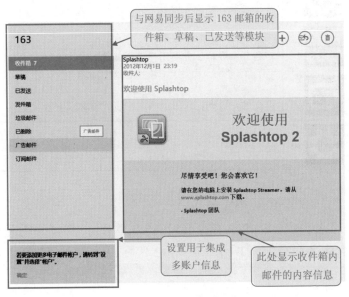

图 2-4　Mail 功能效果图

2. SkyDrive

SkyDrive 用于访问云中的文件。**Windows SkyDrive** 是由微软公司推出的一项云存储服务，用户可以通过自己的 **Windows Live** 账户登录，上传自己的图片、文档等到 **SkyDrive** 中进行存储，微软公司于 2012 年 4 月 23 日正式推出了 **SkyDrive** 客户端用于下载，您可以在开始界面中找到名为 **SkyDrive** 的磁贴，如图 2-5 所示。

图 2-5　SkyDrive 磁贴图标

Surface 的 Modern 版应用，为用户提供友好的触摸方式访问 SkyDrive 中的文件。SkyDrive 应用同样会使用 Office 2010 所使用的 Robbin 菜单，更方便用户体验。SkyDrive 允许第三方 Modern 应用程序向 SkyDrive 存储数据以及通过附加程序来分享文档和图片。

SkyDrive 同时提供了强大的批量文件管理、共享和在线办公功能。

您进入 SkyDrive 后，会看到您账户上存放的资料信息。所有相关的设计都以利于触摸为目标，您可以通过屏幕进行大量方便操作。图 2-6 所示为 SkyDrive 登录首页。

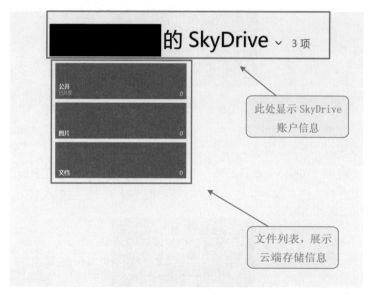

图 2-6　SkyDrive 功能登录首页

3. 联系人

联系人 (People) 功能用于查看社交网络中的最新更新，并开始与亲朋好友聊天。同样通过 Modern 友好的触摸界面和良好的集成环境，为您的社交生活，提供新的沟通方式。如图 2-7 所示。

图 2-7　联系人磁贴图标

4. 照片

照片（Photo）功能可以在单一位置查看 Facebook、Flickr、SkyDrive 或其他电脑中的照片和视频。您可以在开始屏幕上找到如图 2-8 所示的磁贴图标。

图 2-8　照片磁贴图标

5. 视频

视频（Video）功能可以在 Surface 或电视上浏览和观看电影和电视节目。您可以在开始屏幕中找到如图 2-9 所示的磁贴图标。

图 2-9　视频磁贴图标

　　Surface 提供高分辨率的屏幕效果，方便用户体验高清画质的视频。同时提供了强大的视频管理功能，方便用户的资料管理。同时通过 Video 可以与您的 Xbox 进行有效的交互。同时 Windows 为您提供了强大的在线视频商店，如图 2-10 所示。

图 2-10　视频商店效果图

　　注：该功能仅当用户设置所在地为美国时才会完整体现。

6. 音乐

　　音乐（Music）功能可以浏览、下载和收听最新的歌曲，并共享播放列表。有效地管理音频文件，还可以体验 SkyDrive 的云服务，为好友展示列表等功能。其磁贴图标如图 2-11 所示。

图 2-11　音乐磁贴图标

音乐功能有良好的播放界面，方便管理音乐和空间回收，如图 2-12 所示。

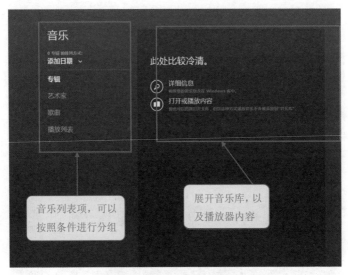

图 2-12　音乐功能界面展示

另一方面，Surface 贴心地提供了分屏多任务并行，在办公的同时兼顾娱乐，舒缓心情。如图 2-13 所示。

图 2-13　音乐功能分屏效果

通过手势拖动，将音乐拖至屏幕右侧播放。而左侧主屏幕区可以方便地实现网上冲浪、处理文档等各种动作。

7. 消息

通过消息（Messaging）功能可以与 Facebook 和 Messenger 上的亲朋好友即时联络。各个平台的消息已被一站式集成，优化了用户体验。您可以通过点击如图 2-14 所示的磁贴体验它的功能。

图 2-14　消息磁贴图标

8. Skype

Modern 版的 Skype，可以让您体验 Skype 之间的视频通话和聊天，或向座机、手机打电话。您可以通过它轻松与朋友以多种方式联系，是一种免费、快捷的联系方式。磁贴图标如图 2-15 所示。

图 2-15　Skype 磁贴图标

注：该功能仅当用户设置所在地为美国时才会完整体现。

以上介绍的这些应用可从开始屏幕中找到或从应用商店获得。若要打开应用，请在开始屏幕中执行下列操作之一即可。

- 触控：点击应用磁贴。
- 触控板或鼠标：将鼠标指针移至应用磁贴上并单击。
- 键盘：键入应用名称并按 Enter。

2.2　手势介绍

手势是 Surface 的一大亮点。苹果公司的 iPad 手势充分利用了触摸界面的优点，将繁琐的操作简单化。微软在研发 Surface 的时候，选择了多达 27 种手势，方便用户进行各项操作。在最终发布的产品中又将手势精简为以下几类，更加容易操作和掌握。下面分别进行介绍。

2.2.1　单击

图 2-16 所示的动作为单击，表示在某个项目上点击一次，用来打开选择的项目。

图 2-16　单击手势示意图

用户可以通过单击，选择想要进行的项目。例如图 2-17 所示，我们想了解天气情况，于是对天气（Weather）磁贴执行单击操作。

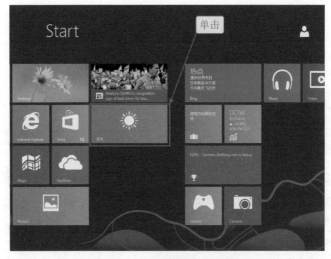

图 2-17　单击手势执行操作

在对天气项目使用单击手势后，Bing 将为您提供最新的天气资讯，如图 **2-18** 所示。

图 2-18　进入天气功能效果图

2.2.2　按住

图 **2-19** 表示动作按住，具体操作为向下按住您的手指几秒钟，用来显示与您操作相关的选项。

图 2-19　按住手势动作示意图

按住功能有些类似于传统 Windows 操作平台下的鼠标右键。这里需要注意的是，在 Modern 界面下，该手势不能使用。按住手势主要用于在资源管理、文件管理、桌面管理等使用传统 Windows 界面的环境，代替鼠标右键。

可以在图片文件管理的 Robbin 界面下使用按住手势，展开该文件夹能进行的操作，如图 2-20 所示。

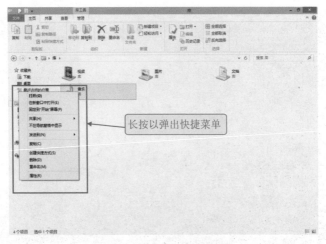

长按以弹出快捷菜单

图 2-20　按住手势效果图

在传统界面，可能通过点击和按住两个功能，对应传统的鼠标左键和右键。一方面继承了 Windows 平台一贯的操作方式，另一方面也迎合了转型用户的需要。

2.2.3　轻滑

图 2-21 表示动作轻滑，按住向上轻滑（或向下轻滑）以选中并打开操作菜单：可以执行取消固定、卸载、放大 / 缩小动态磁贴等许多操作。

图 2-21　轻滑手势示意图

如图 2-22 所示，通过轻滑选择 QQ 磁贴，在下方展示能进行的操作。

图 2-22 轻滑选中 QQ 磁贴

　　一个磁贴被选中情况下，直接点击其他磁贴即可多选。 对多选后的磁贴，仅可以执行"将被选定磁贴从开始屏幕解锁"的操作，该操作性质类似于 Windows 7 平台的任务栏锁定与解锁，被解锁的磁贴将不会再在开始屏幕上出现。

　　例如，对图 2-23 中圈定的两个磁贴进行选定，可以通过轻滑手势实现。

图 2-23 轻滑手势操作示例

通过轻滑手势可以选择这两个磁贴，当磁贴被选中后，右上角会有对勾标识，下方会有各项可以进行的操作图标供操作者单击选择，如图 **2-24** 所示。

图 2-24　轻滑手势执行效果

2.2.4　滑动

图 **2-25** 的示意动作为滑动，具体操作为在屏幕上拖动手指，用以滚动屏幕的项目。

图 2-25　滑动操作示意图

2.2.5　收缩和拉伸

图 **2-26** 所示动作为收缩或拉伸，利用您的拇指和食指分开或接近来进行屏幕的缩放。

图 2-26　收缩拉伸操作示意图

　　例如，对于图 2-1 所示的开始屏幕，随着您的使用，磁贴数量会越来越多，仅用滑动查找图标，使用起来比较麻烦。您可以将屏幕的整体磁贴显示比例通过该手势缩小，更好地管理和查看应用，如图 2-27 所示。

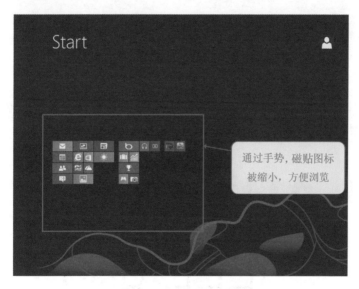

图 2-27　缩小界面功能效果图

　　同样，当浏览网页或阅读文献时发现文章字体太小，可以在页面上执行放大功能。在阅读如图 2-28 的文献时，如果感觉字号较小，可以使用手势放大显示。

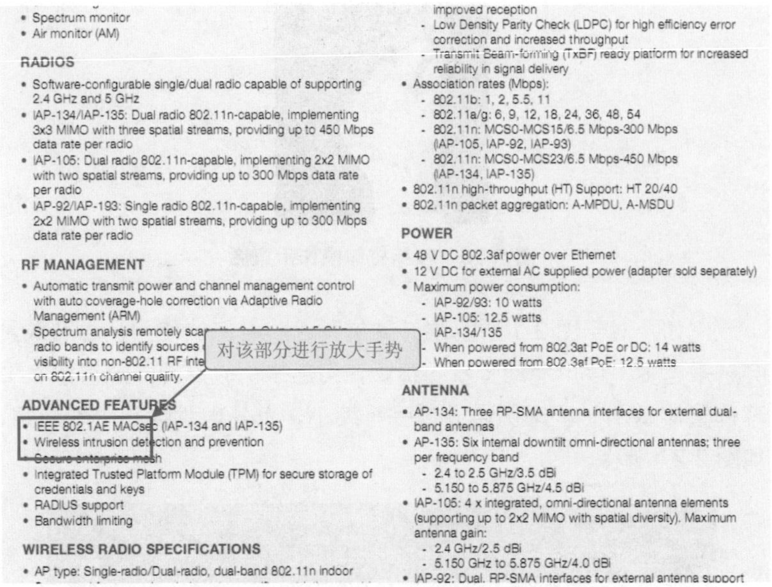

- Spectrum monitor
- Air monitor (AM)

RADIOS

- Software-configurable single/dual radio capable of supporting 2.4 GHz and 5 GHz
- IAP-134/IAP-135: Dual radio 802.11n-capable, implementing 3x3 MIMO with three spatial streams, providing up to 450 Mbps data rate per radio
- IAP-105: Dual radio 802.11n-capable, implementing 2x2 MIMO with two spatial streams, providing up to 300 Mbps data rate per radio
- IAP-92/IAP-193: Single radio 802.11n-capable, implementing 2x2 MIMO with two spatial streams, providing up to 300 Mbps data rate per radio

RF MANAGEMENT

- Automatic transmit power and channel management control with auto coverage-hole correction via Adaptive Radio Management (ARM)
- Spectrum analysis remotely scans the 2.4 GHz and 5 GHz radio bands to identify sources 【对该部分进行放大手势】 visibility into non-802.11 RF interference on 802.11n channel quality.

ADVANCED FEATURES

- IEEE 802.1AE MACsec (IAP-134 and IAP-135)
- Wireless intrusion detection and prevention
- Secure enterprise mesh
- Integrated Trusted Platform Module (TPM) for secure storage of credentials and keys
- RADIUS support
- Bandwidth limiting

WIRELESS RADIO SPECIFICATIONS

- AP type: Single-radio/Dual-radio, dual-band 802.11n indoor

improved reception
- Low Density Parity Check (LDPC) for high efficiency error correction and increased throughput
- Transmit Beam-forming (TxBF) ready platform for increased reliability in signal delivery
- Association rates (Mbps):
  - 802.11b: 1, 2, 5.5, 11
  - 802.11a/g: 6, 9, 12, 18, 24, 36, 48, 54
  - 802.11n: MCS0-MCS15/6.5 Mbps-300 Mbps (IAP-105, IAP-92, IAP-93)
  - 802.11n: MCS0-MCS23/6.5 Mbps-450 Mbps (IAP-134, IAP-135)
- 802.11n high-throughput (HT) Support: HT 20/40
- 802.11n packet aggregation: A-MPDU, A-MSDU

POWER

- 48 V DC 802.3af power over Ethernet
- 12 V DC for external AC supplied power (adapter sold separately)
- Maximum power consumption:
  - IAP-92/93: 10 watts
  - IAP-105: 12.5 watts
  - IAP-134/135
  - When powered from 802.3at PoE or DC: 14 watts
  - When powered from 802.3af PoE: 12.5 watts

ANTENNA

- AP-134: Three RP-SMA antenna interfaces for external dual-band antennas
- AP-135: Six internal downtilt omni-directional antennas; three per frequency band
  - 2.4 to 2.5 GHz/3.5 dBi
  - 5.150 to 5.875 GHz/4.5 dBi
- IAP-105: 4 x integrated, omni-directional antenna elements (supporting up to 2x2 MIMO with spatial diversity). Maximum antenna gain:
  - 2.4 GHz/2.5 dBi
  - 5.150 GHz to 5.875 GHz/4.0 dBi
- IAP-92: Dual, RP-SMA interfaces for external antenna support

图 2-28　显示字体太小的情况

我们可以用放大手势对看不大清楚的部分放大阅读，如图 2-29 所示。

ADVANCE

• IEEE 802.

图 2-29　放大功能效果图

可以看出 Surface 对于放大功能有较好的支持，在放大十多倍的情况下，字体边缘仍然平整，整体效果相当清晰。

2.2.6　旋转

图 **2-30** 所示的动作为旋转，将两根或更多手指放到某个项目上，然后转动您的手以执行该手势，用以旋转项目。值得注意的是，只有特定的项目是可以被旋转的。一般需要旋转手势支持的项目会在使用前给出特别提示。

图 2-30　旋转手势示意图

2.2.7　滑动重排

图 **2-31** 和 **2-32** 所示动作为滑动重排手势。您可以点击并拖动项目至新位置，用以移动项目。使用该功能，可以方便地管理项目布局，形成明了的聚类或集合。

图 2-31　滑动重排执行按下动作

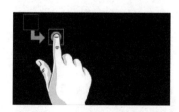

图 2-32　滑动重排执行拖动动作

例如，在图 **2-33** 所示的界面中，对天气（Weather）磁贴操作。

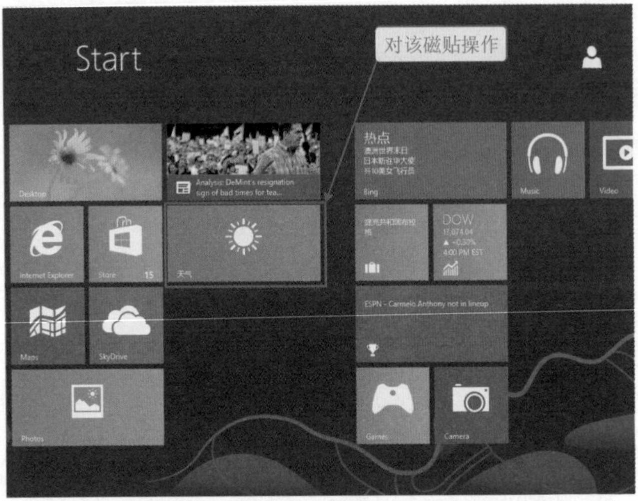

图 2-33　选定天气磁贴作为操作对象

点击并拖动天气磁贴时，磁贴间的相对位置变大，方便您将该磁贴插入任意位置，如图 **2-34** 所示。

图 2-34　拖动操行过程效果图

2.2.8　左滑动

图 2-35 所示的动作为从屏幕右边缘向中心滑动，该动作用于呼出超级按钮。(鼠标："放到"屏幕右上角或右下角;键盘:Windows + C。)

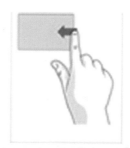

图 2-35　左滑动手势示意图

其效果如图 2-36 所示。

图 2-36　左滑动呼出超级按钮效果图

2.2.9　右滑动

图 2-37 所示即为从屏幕左边缘向中心滑动，该动作用于切换已打开的各项进程。

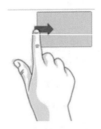

图 2-37　右滑动手势示意图

通过这个操作，可以在已经运行起来的各项目间进行切换，方便多进程的并行。如图 **2-38** 所示。

图 2-38　右滑动执行过程

右滑动不仅可以实现切换，还可以实现任务的分屏显示。当你在滑动后从左向内拖动一点，稍作停顿，在屏幕上显示出分屏线后放在左侧分屏中，该分屏是一个与传统资源管理器相对应的分屏项目管理窗口，用于多进程的管理和切换。（键盘：Windows + 句点键。）

实现效果如图 **2-39** 所示。

图 2-39 右滑动呼出分屏显示效果图

2.2.10 下滑动

图 **2-40** 的动作为从屏幕上边缘向下边缘滑动，用于关闭正在进行的项目。（鼠标或触控板：点击并拖动；键盘：**Alt + F4**。）

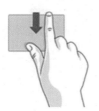

图 2-40 下滑动手势示意图

以关闭打开了的音乐播放器项目为例。先使用右滑动手势切换至音乐功能界面，然后手指从屏幕的上端向下滑动。整个项目的界面会随着手指向下移动，当项目被拖至最下方后，就会彻底关闭。其操作如图 **2-41** 所示。

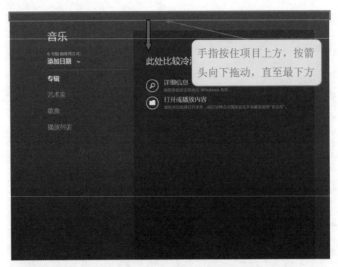

图 2-41　选择音乐功能执行下滑动操作效果

　　手指从屏幕上边缘向下边缘滑动时，该应用会随您的手指移至下边缘，此时放开手指，应用自动关闭。最终效果如图 2-42 所示。

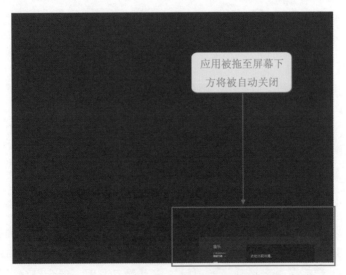

图 2-42　下滑动操作实现关闭程序效果图

下滑动手势在不同的应用中使用，会拉出应用特定的控制菜单。例如，在 Internet Explorer 应用中，在屏幕界面上从屏幕上侧向下滑动，将会在顶部看到一个导航窗口来展示开启的网页标签，底部展示地址栏以及返回、向前和刷新等控制按钮。其效果见图 2-43 所示。

图 2-43　在 IE 中执行下滑动操作呼出 IE 功能菜单效果图

2.2.11　回到主屏幕

按下 Windows 键 （鼠标或触控板：点击屏幕右下角），返回主屏幕。

2.3　文字输入

在上一小节我们学会了基本的手势操作。有了手势的支持，对 Surface 的基本功能操作已经可以顺利执行。下面我们一起来认识另一项极其重要的人机交互方式：文字输入。

微软为 Surface 用户提供了三种不同的方式解决日常使用中的输入问题：实体键盘 Type Cover 输入、触摸键盘 Touch Cover 输入和虚拟键盘输入。

2.3.1 Type Cover 输入

Type Cover 是一款 Surface 文字录入键盘，如图 2-44 所示，外观中规中矩。图中键盘最上方的磁扣可以吸附在 Surface 的底端。当不使用键盘时，键盘可以起到保护 Surface 屏幕的作用。类似于 iPad 配备的 Smart Cover。

Type Cover 的长度相较一般笔记本键盘略显短小。但是整个键盘的布局设计很好，按键间的间距也很合理，一旦使用起来很快就可以上手。

图 2-44　Type Cover 外观图

2.3.2 Touch Cover 输入

Touch Cover 是微软公司一款比较得意的专用外设。从图 2-45 可以看出，Touch Cover 质地十分轻薄。整个键盘全部通过感应用户的触摸得到相应的输入。尽管键盘本身并不具备传统键盘的物理回馈功能，但微软对键盘的触发压力进行了严格控制，使其拥有与物理键盘相似的效果。在按下键时，Surface 平板会配合发出"嘀"的按键音，让用户感受到键盘触发的感觉。

Touch Cover 做工优良，用料考究，文字录入时手感很不错，同时兼顾防滑与屏幕保护的功能。对于长期放在桌面上使用，或强调个性的用户来说，是很好的选择。

图 2-45　Touch Cover 外观效果图

2.3.3　虚拟键盘输入

应该注意的是，以上两种键盘都需要另行购买。普通用户可以使用更经济实用的解决方式：强大的虚拟键盘。

任何需要进行输入的场合，点击文本框，系统会自动弹出虚拟键盘，如图 2-46 所示。自带的虚拟键盘类似于 iPad 的虚拟键盘，可以切换中英文输入，支持手写、键盘拆分和全功能键盘。目前，Surface 的汉字录入仅可以使用微软推出的微软拼音，从使用情况上来看，新版本的微软拼音其构词能力和词库量完全能满足用户的需要。

图 2-46　Surface 虚拟键盘

1. 合并键盘

合并键盘效果图如图 **2-46** 所示。十分类似于通用计算机键盘，可双手同时操作。在键位布局上，省去了一些不必要的功能按钮，使按键的布局更合理。有一定计算机基础的用户可以很快上手。

2. 拆分键盘

拆分键盘将键盘按照左右手指法分别靠贴在屏幕两侧，中间放置小键盘区。适用于手执机器的情形，如图 **2-47** 所示。

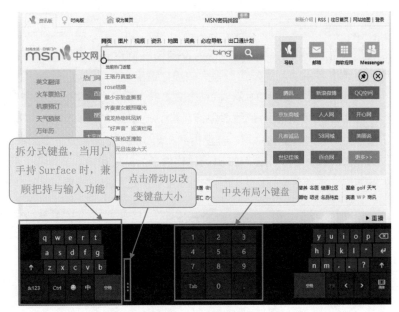

图 2-47　拆分键盘

3. 手写中文输入

图 **2-48** 所示手写输入的过程。一次手写录入可以最多录入 **7** 个字，系统会根据手写的输入字形给出最接近的汉字。手写栏上方对应的备选栏中显示其他的可能选项，包括符号、数字或标点。

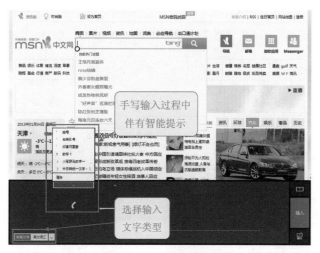

图 2-48　汉字手写输入

　　手写输入支持用户连续输入多个汉字。手写框的右上方显示输入法的联想构词，如图 2-49 所示。

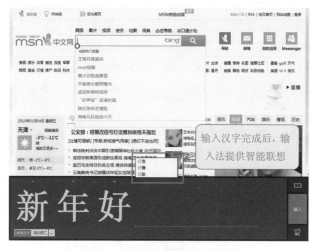

图 2-49　输入完成提示智能联想

　　为了增加手写的连贯性，手写功能板中添加了修改、删除、添加 / 删除空格等功能，如图 2-50 所示。

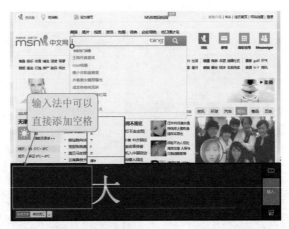

图 2-50   在输入屏任意位置输入文字，其余部分用空格补全

微软为用户提供了简单的手写功能示范教学，在图 2-51 中，点击功能区左上方的功能块，会弹出图 2-51 中需要的 4 种输入功能的简单动作示意。

更正：在该字所占格区内重写该字，实现更正操作。

删除：在希望删除的字上划长横线，该字便被删除。

添加空格:在要添加空格的格区间划一条竖线，便可产生一个空格。

删除空格：将空格前后的两个格区用线相连，中间的空格就会被删除。

图 2-51   输入功能动作动态演示

4. 手写英文输入

　　手写英文输入界面如图 2-52 所示。英文输入时，可同时录入两行英文语句。

　　手写英文录入的修改删除等基本操作与中文录入一样。同时还增加了自动校对和自动添加空格的辅助输入功能。

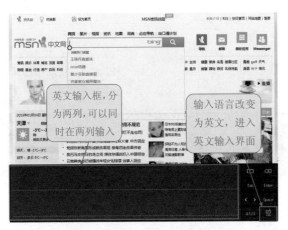

图 2-52　Surface 英文手写输入界面

　　录入例句"have a good year"。在图 2-53 中，写入 hav 三个字母后，输入法会智能将 h 认作 n，组成单词 nav，提高正确率。

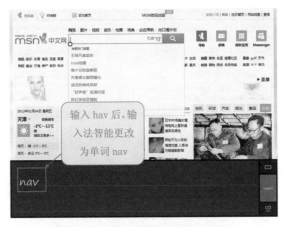

图 2-53　英文整句输入与智能纠错

接下来录入字母 e 后，系统会将之前的 n 自动更正为 h，组成单词 have，如图 2-54。

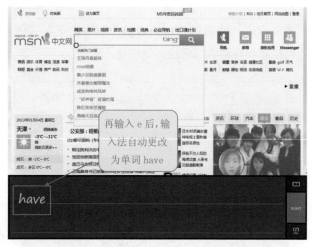

再输入 e 后，输入法自动更改为单词 have

图 2-54　输入完成后，输入法将自动更正

输入辅助功能帮助用户在录入一个完整单词后自动添加空格，大大提高了效率，如图 2-55 所示。

每个单词输入完成，输入法自动添加空格

图 2-55　输入完毕后自动加空格

在上图中可以看到，"have" 单词被错认为 "nave"。用手指在 "n" 上重写 "h"，则可完成单词更改。

2.4　网上冲浪

随着大数据、云服务、在线社区等新兴网络应用逐渐融入人类的生活。网络已经成为政治、商业、文化等方方面面社会活动的重要载体。Surface 提供了稳定的网络接入，配合最先进的界面设计和触摸操作的规范，开发了易于使用的 Modern IE 应用。

2.4.1　Modern IE 上网体验

通过超级按钮呼出开始屏幕，点击 Internet Explorer 磁贴，我们将进入一个全新的 IE 世界。

在 Modern IE 下进入 bing 主页的效果，如图 2-56 所示。可以看出，浏览器的按钮和布局间隔都被有意放大，利于手指的触摸。

图 2-56　Modern IE 浏览器主界面

输入网页地址或搜索内容可以利用虚拟键盘来实现，如图 2-57 所示。

图 2-57　使用虚拟键盘

2.4.2　Modern IE 功能按钮

在本章前半部分讲到，在应用中使用上滑手势，可呼出该应用环境的功能菜单。如图 2-58 所示，在 Modern IE 下方部署着几个基本的功能按钮，如前进、后退和刷新。

后退：该按钮完成退回到父级目录功能。

前进：该按钮完成进入子目录功能。

刷新：重新加载当前页面。

图 2-58　上滑手势调出功能菜单

其他功能按钮将在下面具体讲解。

1. 固定按钮

点击固定按钮可以看到两项子选择支，分别为固定到开始屏幕功能和添加到收藏夹功能，如图 **2-59** 所示。

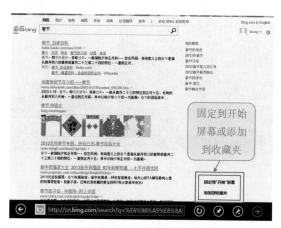

图 2-59　固定按钮功能

选择"固定到开始菜单"功能，系统将会按用户指定的名称，把本页的快捷方式发送到开始屏幕上，如图 **2-60** 所示。用户可以对常访问的网页使用此功能，直接从开始屏幕访问该网页。

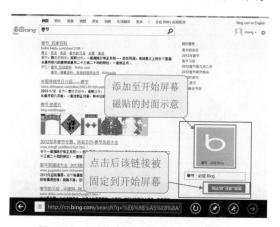

图 2-60　将当前页面固定到开始屏幕上

如图 2-61 所示，该页面被固定到开始屏幕，方便以后的使用。

图 2-61　固定至开始屏幕

添加到收藏夹，可以方便在浏览过程中保存有意义的信息。

2. 工具按钮

工具按钮有 3 项具体功能，分别为"切换到 Bing 应用"、"在页面查找"以及"在桌面查看"，如图 2-62 所示。

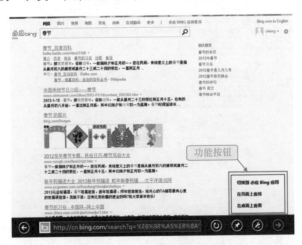

图 2-62　工具按钮功能

切换到 Bing 应用：用户使用网页访问 Bing，搜索内容时，可以在功能按钮项中，将该次查询搜索转至必应 Bing 应用中完成，如图 2-63 所示。

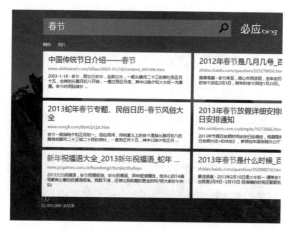

图 2-63　转入必应 Bing 应用查询

在页面查找功能：帮助用户在页面内查找关键词组。如图 2-64 所示，在搜索框内输入"新年"词组，Modern IE 会自动匹配当前页面内的词条，并可通过"上一个"、"下一个"按钮换切关键词位置。

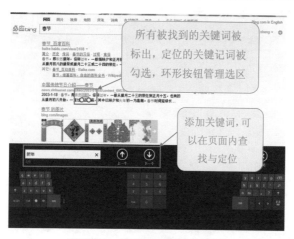

图 2-64　在页面内查找关键词

输入搜索关键词条,点击回车后,所有关键词条全部用黄色背景显示,同时选定最早出现的关键词条。被选词条前后有两个选择圆钮。拖动圆钮修改选定范围,如图 2-65 所示。

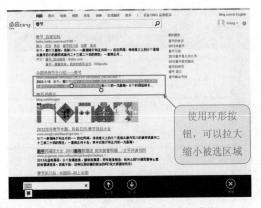

图 2-65　通过圆环按钮圈选文字段

转到桌面模式打开功能:适用于某些有特殊要求的场合。如在网上银行付款需要证书支持时,服务器会要求进入桌面模式选择支付。此时,Modern IE 会一次性将网页内的全部信息,包括当前网址、登录状态、输入关键词等推送给桌面 IE,让用户在桌面环境下完成后续工作,如图 2-66 所示。

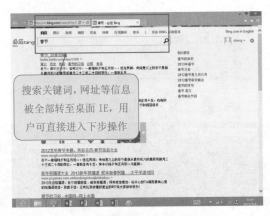

图 2-66　桌面环境打开浏览器

3. 地址栏

用户通过地址栏输入网站网址或网络实名，直接访问网站。

在 IE 主界面上使用上滑手势呼出功能菜单，单击地址栏，得到如图 2-67 所示的效果页面。

页面最上方分别列出目前被固定到开始屏幕的链接、常用的网址以及收藏夹中的网址，方便用户快速访问位于上述位置的网站。

地址栏接收用户输入的网站地址，右侧黑色叉按钮可以一键清除地址栏内容，输入完成后轻击前往功能按钮，前往该地址。

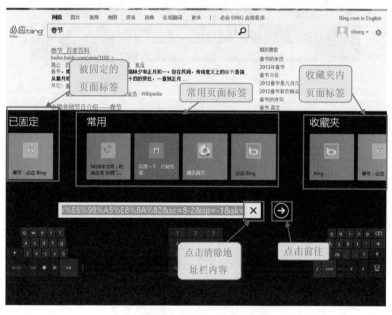

图 2-67　Modern IE 地址栏

在这些位置被显示的地址选项卡，可以使用长按手势进行管理。长按某一选项卡，可以执行删除该标签和在新选项卡中打开的操作，如图 2-68 所示。

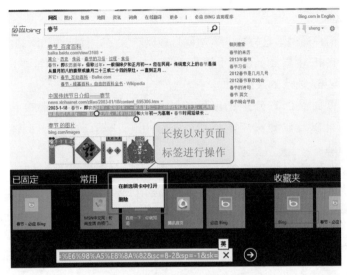

图 2-68　长按弹出菜单管理链接磁贴

用户输入地址信息时，IE 提供良好的输入辅助，提供与输入字段匹配的网站地址，实现快速访问，如图 2-69 所示。

图 2-69　在 IE 地址栏输入

4. 窗口上方功能菜单

呼出的 IE 功能菜单中，上侧菜单提供了管理页面和选项卡的相关功能。

如图 2-70 所示，IE 的上侧工具栏由两部分组成。左侧为目前打开的各个页面，可以执行页面切换和关闭的操作。右侧上方的"+"号按钮，用以添加新的空白页；右侧下方的"…"号按钮，可以关闭多个选项卡，或建立一个有保密功能的 InPrivate 选项卡，InPrivate 的介绍详见 5.3.2 IE 隐私保护的有关章节。

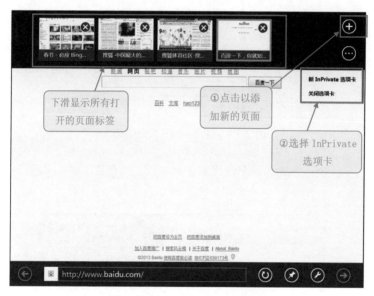

图 2-70　IE 上方选项卡管理器

5. Modern IE 页面手势

Modern IE 是 Surface 与互联网交流的重要窗口，用户可以使用 Surface 手势，执行管理应用，而专有的 IE 手势，可以在 IE 页面上实现网页前进后退等浏览操作。

如图 2-71 所示，手指按住屏幕从左侧向右侧滑动，可以实现页面后退功能。

注意：该手势与微软多任务切换手势不同：手势并不是从屏幕边缘开始滑动，而是从页面内容上开始。

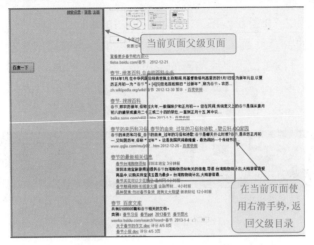

图 2-71　Modern IE 后退手势

手势执行方向为从右向左时，将实现页面前进功能。如图 2-72 所示。

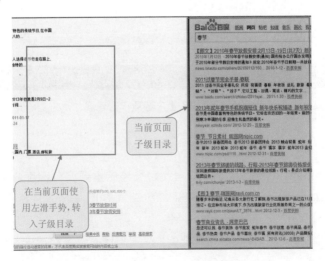

图 2-72　Modern IE 前进手势

6. 页面放大

　　用户在浏览网页时，很可能出现字体过小，不易辨认的现象。此时通过缩放手势，可以轻易地放大网页字体。

　　图 2-73 为百度搜索原页面。用户使用放大手势，放大显示内容。

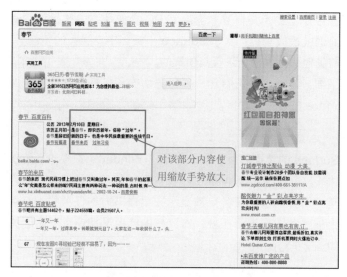

图 2-73　对图中标注部分执行放大手势

　　网页放大后的效果如图 2-74 所示。

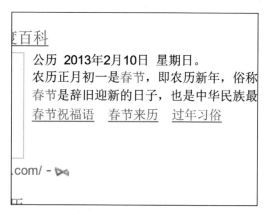

图 2-74　网页内容放大效果图

2.5　多任务处理

目前平板产业操作系统的生态环境基本可以归纳为 Windows 平台、Android 平台和 iOS 平台三雄鼎立。

Windows 平台是 PC 行业雄踞已久的霸主，拥有业内最顶尖的技术和最广泛的用户体验数据。其 PC 操作系统中被极为称道的多任务处理就被成功应用到了 Surface 平板当中。强大的多任务表现，是目前其他两大平台无法望其项背的。

下面分别从多任务管理、多任务切换和多任务并行三方面来讲述 Surface 的多任务功能。

2.5.1　桌面环境下的多任务

Surface 的桌面环境，基本继承了 Windows 7 操作系统良好的用户体验。一般使用过 Windows 操作系统的用户并不会陌生。

用户打开的多个任务全被显示在桌面下方的任务栏上，点击任务栏上的任务图标进行切换，右上方的红色叉按钮可以完全关闭应用。如图 2-75 所示。

图 2-75　桌面模式下的多任务并行与管理

2.5.2　Mordern 界面下的多任务

　　Mordern 界面是 Surface 的主要应用界面。使用方法符合触摸的需要，配合多种手势，让它具备了对多任务管理的良好支持。

　　Mordern 界面中可以使用手势轻松实现多任务切换。通过右滑动在已打开的应用之间流转切换。这里要注意的是，传统的桌面模式此时也被看做是一个应用，被加入应用切换队列中。

　　如图 2-76 所示，左手从左边缘向中心移动，使用右滑动手势，完成多任务切换这一过程。

图 2-76　Modern 界面多任务处理

　　Modern 环境下有配套的多任务管理。在滑动后从左向内拖动一点，稍作停顿，在屏幕显示分屏后放在你左侧分屏中，该分屏是与传统资源管理器相对应的分屏项目管理窗口，用于多进程的管理和切换。

　　在该分屏中，所有被打开的应用都呈缩略图被显示在其中，而最下方固定显示主开始屏幕。用户可以通过轻击来切换应用，被选中的应用将获得主屏幕，如图 2-77 所示。对分屏中应用的缩略图执行长按手势，可以关闭应用。

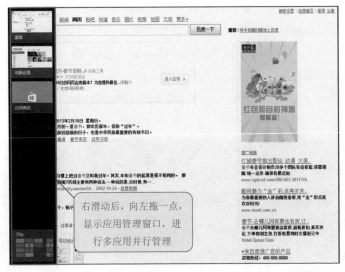

图 2-77　多任务管理器

Surface 在提供控制台切换应用的同时，还为用户设定了另一种多任务并行机制，即：分屏并行。如图 2-78 所示，在打开了 IE 的同时，可以同时使用 QQ 与好友对话。

图 2-78　Surface 分屏多任务并行

在 Modern 界面下打开 QQ 应用，按住应用的上方将其拖拽到左右任意一侧，在出现分栏后松开应用，应用将自动停靠在屏幕的一侧，如图 2-79 所示。

图 2-79　拖拽应用至分屏

此时返回 Modern 界面，点击 Modern IE 应用，应用将在有分屏的界面中运行，如图 2-80 所示。

图 2-80　带有分屏效果的 IE

应用的主从屏角色可以通过移动分栏得以互换，在图 2-80 的界面中将分栏从右向左滑动，QQ 将转换为主屏应用，如图 2-81 所示。

图 2-81　主从屏切换

2.6　文件夹

文件夹作为操作系统中重要的文件层级标识，是文件系统的核心部分。在 Surface 的文件系统中，微软首次引入了类似于 Office 2007 开始使用的 Robbin 菜单，在菜单中体现大量功能操作，方便了触摸用户的使用。

如图 2-82 所示，当用户进入桌面模式后，轻击任务栏中的资源管理器图标，进入 Windows 资源管理器。

图 2-82　Surface 桌面

Surface 资源管理器界面如图 2-83 所示。分为 4 个部分：页面上部为功能菜单；下部左侧为路径导航页面；下部中间为主操作区；下部右侧显示选定文件的详细信息。

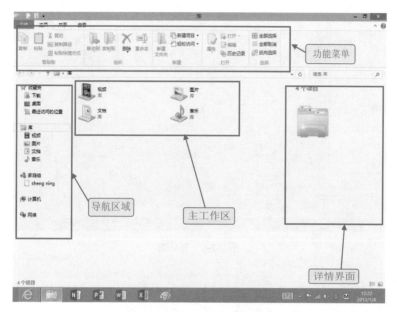

图 2-83　Surface 资源管理器

如图 2-84 所示，资源管理器上方展示了 Robbin 功能菜单；页面下方左侧给出路径导航，点击可跳转目录；下方中间主界面显示文件夹中的文件；下方右侧的详情显示选中文件的详细信息。

新建文件夹、删除、复制和移动等传统的右键功能被移至功能菜单上，更易于被手指点击。在桌面环境中，长按手势替代了鼠标右键，照顾习惯于右键操作的用户。

如图 2-85 所示，用户点击选定一个文件后，在功能菜单中，执行文件移动、复制、删除、重命名等功能的灰色按钮被激活。点击"移动"命令，在菜单栏下拉框中选择目的地址；右侧显示该文件的具体信息。

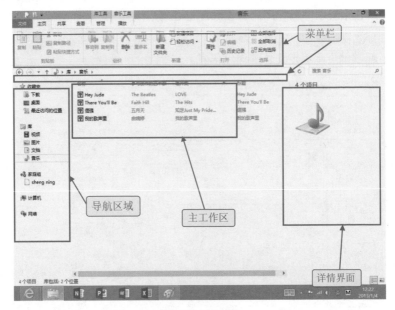

图 2-84　音乐库

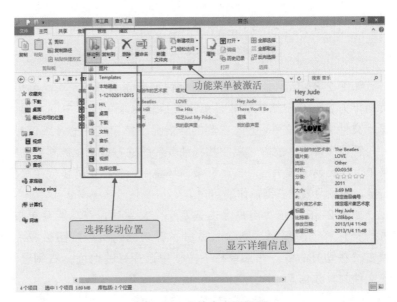

图 2-85　文件夹主页页面

　　随着用户的使用，文件会越来越多，查看文件也逐渐困难。从菜单栏进入"查看"选项卡，在"分组依据"下拉框中选择依据，文件将以该依据重新排列分组，达到更明晰的显示效果，如图 2-86 所示。

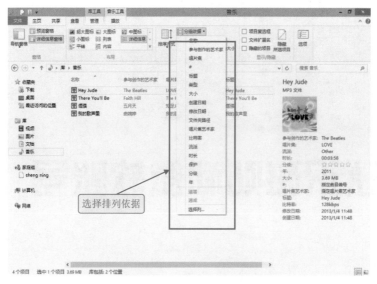

图 2-86　文件夹查看页面

认识磁贴和微软账号

Surface 使用 Windows RT 操作系统。Modern UI 界面的开始屏幕设计和基于微软账号的统一平台策略，标志着微软再次成为新一代操作系统理念改革的领航者。

在新 Windows 平台中，任何操作都与这磁贴和微软账号紧密相关，在开启 Surface 奇妙之旅前，了解磁贴和微软账号是极其必要的。

本章导读

● 认识磁贴
● 认识微软账户

3.1　认识磁贴

3.1.1　Modern UI

Modern 开始屏幕是 Surface 新的开始屏幕，在 Modern 界面上部署了名为磁贴的方块。该 UI 风格首次被用于微软的智能手机系统 Windows Phone 平台上。

如图 3-1 所示，Modern 界面所使用的磁贴与目前 iOS 和 Android 系统使用的图标从外观上看来区别很大。磁贴重点突出信息本

图 3-1　Modern 界面

身，在磁贴上可以显示应用要表达的重要信息。在这种设计模式中，信息本身的重要性高于单纯的图像设计。

　　Surface 的桌面磁贴采用交互式的卡片界面，具备动态更新功能。如图 3-2 所示，在应用动态磁贴上，展示其即时新闻、通知及软件更新等消息。

图 3-2　磁贴显示应用内容

　　磁贴的分组命名等外观设置已经在第 2 章中被讲到。

　　功能性操作包括隐藏磁贴和卸载应用，当使用选定手势选择磁贴后，可以在功能菜单中看到这两个按钮。

3.1.2　磁贴隐藏

　　用户在进行磁贴布局时，对于不希望显示在开始屏幕的磁贴使用选中手势，在功能菜单中选择从开始屏幕取消固定，该磁贴将不再出现在开始屏幕上。其操作如下。

　　❶对需要被解锁的应用磁贴使用选中手势。

　　❷在功能菜单中选择"从开始屏幕解锁"命令，如图 3-3 所示。

图 3-3　取消 QQ 游戏在开始屏幕的固定

❸ 执行取消应用在开始屏幕的固定，并不会删除该应用。在如图 3-3 所示的功能菜单中，点击右下角"所有应用"按钮，在出现的应用列表中还可以找到该应用，如图 3-4 所示。

图 3-4　应用列表中找到 QQ 游戏应用

3.1.3　卸载应用

删除应用操作如下。

❶ 对将卸载的应用磁贴执行选择手势。

❷ 在弹出的功能菜单中点击"卸载",如图 3-5 所示。

图 3-5　执行应用卸载

3.2　认识微软账户

3.2.1　微软账户

搭载 Windows 8 系统的 Surface,其众多功能都基于云服务,用户的微软账户将作为用户登录任意 Windows 8 系统电脑的重要凭证。不论用户走到哪里,只要使用自己的微软账户登录,便可以与该用户关联的人脉、图书、Office 文档和 SkyDrive 等应用连接。

登录账户之后,用户的个性化设置、开始屏幕、浏览器收藏夹及其他用户设置都会被还原到目前登录的计算机上。

1. 应用商店的微软账户

　　用户使用应用商店下载应用时也需要使用微软账户作为唯一凭证，即便用户在其他电脑登录，所购买的应用信息也是同步的，查看该账户的应用信息操作如下。

　　❶ 从开始屏幕进入应用商店。

　　❷ 在应用商店应用的界面内使用上滑手势调出功能菜单，点击"你的应用"。如图 3-6 所示。

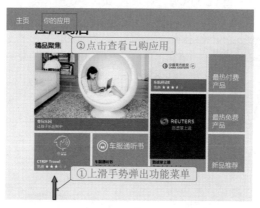

图 3-6　在应用商店查看用户购买的应用

　　❸ 进入"你的应用"页面后，显示已经用该账号购买，但没有被安装的应用，如图 3-7 所示。

图 3-7　展示购买的应用

3.2.2　注册微软账户

以 hotmail.com、live.cn、live.com 为结尾的邮箱可以直接作为微软账户登录系统。如果没有账户，需要使用网站或 Surface 系统进行注册。

1. 网站注册

❶ 登录到 www.live.com.cn 网站。

❷ 点击 "Sign up now" 登录，如图 3-8 所示。

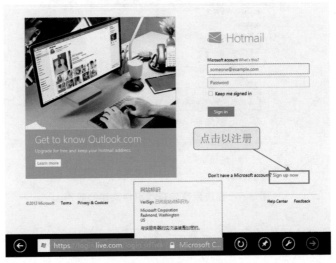

图 3-8　网站注册界面

2. Surface 注册

❶ 在开始屏幕点击用户头像。

❷ 在弹出的下拉菜单中，选择 "更换用户头像" 功能，如图 3-9 所示，以进入设置功能页面。

❸ 点击 "更换用户头像" 功能后，跳转至设置功能页面，在该页面中点击 "添加用户"，如图 3-10 所示。

图 3-9   点击更改用户头像

图 3-10   在设置页面中添加用户

提示："设置"也可以通过超级按钮的设置功能进入，详见第 2 章有关介绍。

❹ 在如图 3-11 所示界面中，选择"注册新电子邮件地址"功能项，点击"下一步"，进入注册新用户流程。

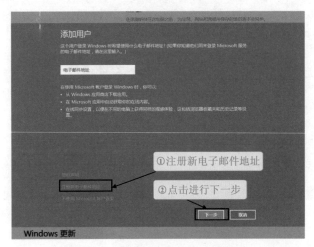

图 3-11　选择注册新电子邮件地址

❺ 按照系统提示填入注册信息，如图 3-12 所示。账号注册成功后，便可以作为整合用户平台资源的重要的凭证。

图 3-12　注册新的电子邮件地址

❻注册成功后，系统转回至添加用户界面，点击"完成"，对账户添加信任，如图 **3-13** 所示。

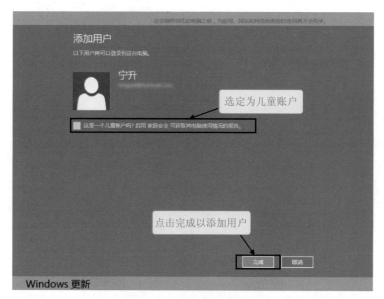

图 3-13　为电脑添加用户

提示：如果将该账号勾选为儿童账户，通过启用"家庭安全"设置，将向家长汇报儿童使用该电脑的情况。

3.2.3　使用本地账户

系统也支持用户使用本地账户，本地账户在本地创建，使用本地账户进行登录，其账户信息和自定义设置是不会同步到其他电脑的。本地账户不能登录到微软的应用商店，使用时应加以注意。

❶在如图 **3-10** 的"用户"功能卡上，点击"切换到本地用户"，用户的任何设定将不会再与其他同账号主机共享，如图 **3-14** 所示。

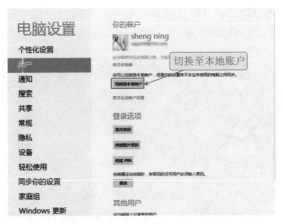

图 3-14　点击可切换至本地账户

3.2.4　同步设置

使用新账号登录后，用户必须进行信任电脑确认，以保证登录账号的各项信息与设置会被同步到此电脑上。信任操作如下。

进入"设置"应用的用户选项卡，检查在用户名下方是否有"在你指明信任此电脑之前，为应用、网站和网络所保存的密码将不会同步"这样的明绿色提示；如有此提示，点击提示下方的"信任此电脑"，该电脑将与账户之间建立信任关系，如图 3-15 所示。

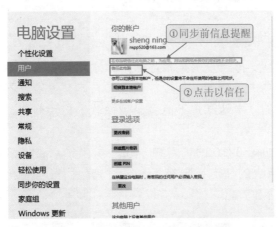

图 3-15　点击进行信任此电脑的操作

信任成立后，计算机将使用从服务器同步获得的信息重新设置目前主机的属性。

同步功能十分强大，作用于用户个性化设置，以及云服务器、书库、游戏、视频和音乐等应用的设置同步。用户应该在设置页面内选择需要被同步的范围，以避免在同步时泄露不必要的隐私，具体操作如下。

❶ 在"设置"界面点击"同步你的设置"功能卡。

❷ 选择需要被同步的内容，如语言、应用及系统设置等。

❸ 选择在流量计费网络环境是否开启同步。

上述操作步骤如图 3-16 所示。

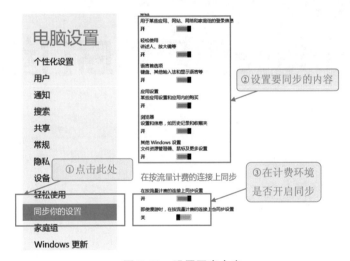

图 3-16　设置同步内容

4

Surface应用程序介绍

经过前面几章的基本介绍，您已经掌握了 Surface 平板电脑底层的基本操作，从这章起，我们正式进入绚丽多彩的应用世界。Surface 强大的应用可以给您的生活和工作带来无尽的便利。

本章导读

- Surface 邮件管理系统的使用
- Windows 在线商店的使用
- 精彩应用程序推荐

4.1　使用邮件连通世界

电子邮件是目前极重要的信息交流手段，广泛用于商务、生活、办公和交际。Surface 通过整合您的众多邮箱，为您提供方便的一体化服务。

4.1.1　添加电子邮件账户

❶ 在开始屏幕点击"邮件"磁贴，进入应用。首次启动邮件应用时，系统会提示设置一个账户。设置步骤如下。

（1）在弹出的窗口中输入被管理的邮箱账户与密码。

（2）点击"保存"按钮保存邮箱信息。

以上操作如图 4-1 所示，邮件应用将使用提供的信息向服务请求验证。

图 4-1　添加邮箱账号信息

❷认证通过后，将在应用中显示该用户的邮件信息，如图 4-2 所示。

（1）功能按钮：行使管理邮件功能，包含三个子按钮。

⊕ 新建按钮：点击以新建邮件。

⊜ 回复按钮：回复当前主界面显示的邮件。

⊜ 删除按钮：删除当前主界面显示的邮件。

（2）邮件分类列表：显示认证邮箱各个邮件分类，点击进入该分类邮件详情。

（3）主显示区：显示被选邮件的详细信息。

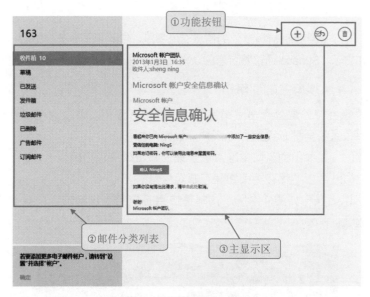

图 4-2　邮件应用主界面

多邮箱的整合是 Surface 集成式解决的精髓，多邮箱账户添加操作如下。

❶在打开的邮件应用界面中使用左滑手势，呼出超级按钮，如图 4-3 所示。

❷轻击设置按钮，进入应用设置。

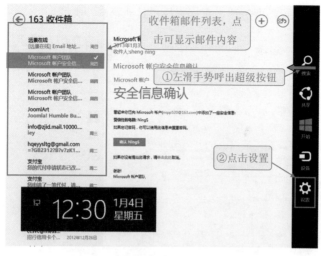

图 4-3　使用超级按钮添加账户信息

❸ 在弹出的设置框内，显示目前账户信息。点击"添加账户"进行多账户添加，如图 4-4 所示。

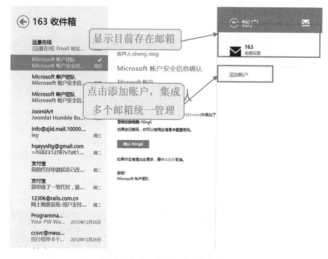

图 4-4　添加多账户

❹ 选择添加的账户类型，如图 4-5 所示。如果在选项中没有用

户期望的邮箱类型备选，直接选择"其他账户"类型。

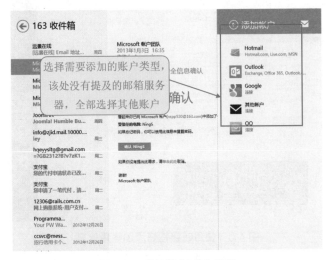

图 4-5　选择添加账户类型

❺选定邮箱类型后，在弹出的页面输入邮箱地址与密码，点击"连接"按钮开始同步匹配，如图 4-6 所示。

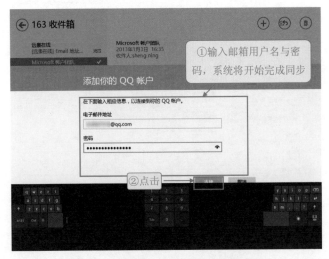

图 4-6　使用账户和密码同步邮箱应用

❻匹配成功后，被系统维护的邮箱列表中将新增一个邮箱条目。如图 4-7 所示，在页面左下角的 163 邮箱下面，新增了一个 QQ 邮箱。

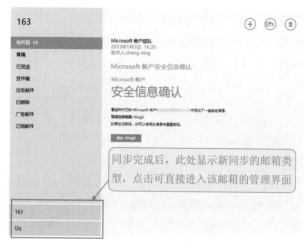

图 4-7　添加成功后分类型展示邮箱

❼点击列表中的 QQ 邮箱，将转入绑定 QQ 邮箱的邮件列表，显示邮件信息，如图 4-8 所示。

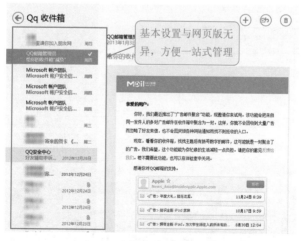

图 4-8　多账户下集合管理

Surface 通过优秀的邮件应用，将用户的多个邮箱整合在一起，为集中管理邮件创造了条件。

4.1.2 写邮件

邮件应用不仅可以多邮件地址收件，同时可以对应多个邮件地址发送邮件。

1. 新建邮件

在如图 4-2 所示的界面点击 ⊕ 按钮新建邮件，建立以当前邮件地址为发件人的新邮件。

简要操作步骤如下。

❶ 填写收件人、抄送、密送和优先级等信息。点击输入框右侧的 ⊕ 标志，直连 Surface 联系人应用，快捷管理联系人信息。

❷ 在内容显示区中输入用户邮件正文信息，功能区内显示被添加附件与 SkyDrive 附件，添加操作将在下小节详细讲解。

❸ 在该界面使用上滑手势，调出的邮件编辑功能菜单，实现存草稿、添加附件、添加表情和修改字体等功能。

编写完成后，点击右上角的 ☺ 按钮发送邮件，⊗ 按钮中止本次邮件编写。

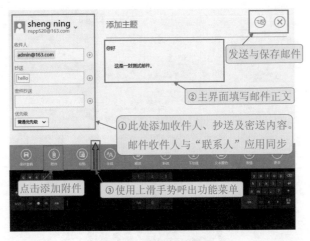

图 4-9　编辑邮件界面

2. 添加附件

❶ 点击 4-9 界面功能菜单中的 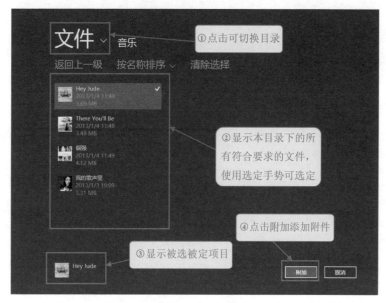 按钮，将进入图 4-10 所示的文件目录界面。

❷ 在文件目录中选择文件并添加为附件的操作如下。

(1) 点击"文件"以指定附件存放的目录。

(2) 主屏幕上显示该级存放的文件，使用选定手势选择要添加的附件。

(3) 屏面右下角显示被选定的项目，浏览确认选择。

(4) 点击"附加"按钮，完成选择附件。

图 4-10　选择附件

❸ 添加成功的附件将会被展示在主界面邮件正文的上方，如图 4-11 所示。

图 4-11   附件添加完成

3. SkyDrive 附件

❶ 用户在邮件应用中添加附件时，可使用基本附件或 SkyDrive 附件，如图 4-12 所示。

> **注**：基本附件是用户习惯使用的附件。文件添加到邮件中，收到邮件的人下载并打开它们。文件根据其收件人收件箱中的存储空间进行计数，且关于这些文件的大小通常会有限制。
>
> SkyDrive 附件不能直接附加到邮件，但可以保存到 SkyDrive 上的新文件夹中。当收件人收到带有 SkyDrive 附件的邮件时，他们会看到所有文件的预览。如果文件为照片，则他们可直接从该邮件启动幻灯片。如果文件为文档，则他们可打开该文件，开始进行编辑，所做的更改会自动保存。他们无需登录到 SkyDrive，除非想下载较大的文件或下载包含多个文件的文件夹。

❷ 如图 4-12 所示，点击文件选择附件目录时，将目录选择为"SkyDrive"，进入以本机账户登录的 SkyDrive 文件管理界面。

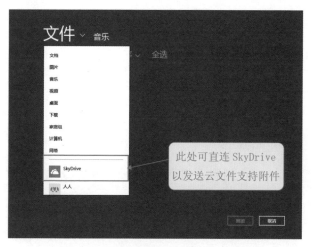

图 4-12 选择添加附件位置为 SkyDrive

❸ 进入 SkyDrive 之后，点击对应目录磁贴进入不同目录，浏览选择在 SkyDrive 中存放的文件作为邮件的附件，如图 4-13 所示。

提示：在 Surface 搭建的办公环境中，Office 各应用都可以与 SkyDrive 同步。基于云服务的架构，方便用户进行移动办公。

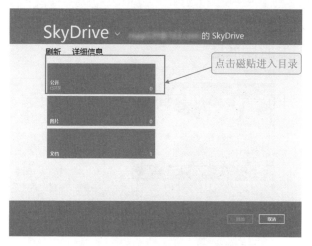

图 4-13 进入 SkyDrive 选择附件

❹ 在正在编辑的邮件界面中，点击正常附件下方的"改用 Sky-Drive 发送"，普通附件将通过 SkyDrive 发送，一样实现了 Sky-Drive 的发送效果，如图 4-14 所示。

图 4-14　普通邮件改用 SkyDrive 发送

4.2　应用商店

4.2.1　店用商店介绍

在应用上，Surface 突出了应用商店不可替代的地位。Surface 目前所有的应用只能从应用商店下载，传统 .exe 程序并不被 Surface 支持。

❶ 从开始屏幕点击磁贴进入应用商店，商店应用界面如图 4-15 所示。首页展示目前热门的下载应用，后续页面分别展示各分类内容。应用以磁贴效果展示，不仅美观，还留出空间以显示应用的必要信息。

图 4-15　应用商店主页

　　Windows 8 风格的磁贴让应用的关键信息一目了然。点击磁贴上方的"精品聚焦"文字，进入应用分类显示界面。

　　❷ 应用分类显示界面如图 **4-16** 所示。

　　（1）应用筛选器，对应用的付费限制和评价星级等属性进行筛选重排。

　　（2）内容列表显示目前可以下载的所有应用，图中以社交类应用为例，从列表项磁贴中可以读出应用的评星和付费情况。

　　（3）点击返回主界面。

图 4-16　社交类应用列表

　　❸ 点击筛选框，在筛选条件中选择是否显示付费软件，如图 **4-17** 所示，帮助用户规划其软件开支。

　　提示：微软应用商店大多数付费软件都提供试用服务。用户可通过试用考察应用效果再决定是否付费购买。

图 4-17 使用筛选器按条件选择应用

4.2.2 软件下载

用户可以在应用商店中下载安装感兴趣的应用。

❶ 在如图 **4-17** 所示的列表页面中点击"微博"磁贴,进入应用详情,在详情页面执行下载操作步骤如下。

(1)考察该应用的评分、付费要求和应用请求的权限,考量是否下载。

(2)了解该应用运行后的界面与描述。

(3)点击安装按钮。系统将为用户下载安装该应用,并统一管理。

以上操作如图 **4-18** 所示。

图 4-18　应用详情页面

4.3　基本软件推荐

4.3.1　腾讯 QQ

腾讯 QQ 是一款极成功的即时通讯软件。用户可以通过 QQ 与在线好友联系。Surface 版的 QQ 提供分屏贴靠功能，可以实现不切屏与好友聊天。

❶ 图 4-19 显示 QQ 应用被安装完成，完成后点击对应磁贴就可以进入 QQ 登录界面。

图 4-19　QQ 安装完成

❷ 如图 4-20 所示，首次进入时，QQ 会请求后台运行权限，保证实时更新显示状态与通知。点击"允许"后，QQ 消息将被即时推送到前台。

图 4-20　QQ 请求后台运行

❸ QQ 获得后台运行权限后，好友的消息可以被推送到用户正在进行的应用屏幕上，如图 4-21 所示，点击该通知可以转至 QQ 运行界面。

图 4-21　QQ 后台运行，前台推送数据

提示： QQ 应用具备分屏贴靠能力，可以直接将 QQ 作为分屏程序贴在主屏幕一侧，如图 2-78 所示界面。

❹ 在开始屏幕点击磁贴登录 QQ 后，进入应用的主界面，如图 4-22 所示，图中布局与数字对应，可以分为以下四个主要功能块。

（1）最近的联系人列表。

（2）好友动态。

（3）即时聊天会话信息显示。

（4）全部联系人磁贴。

❺ 在最近联系人列表中找不到发起会话的对象时，点击"全部联系人"展开全部好友列表。

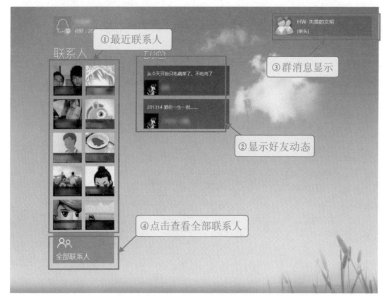

图 4-22　QQ 主界面

❻ 点击如图 **4-22** 所示界面左下方的"全部联系人"按钮，进入列表页面，显示本 QQ 账户的全部分组，如图 **4-23** 所示。点击任一分组，转至该分组人员详细列表。

图 4-23　展示本 QQ 账号的好友分组

❼ 进入分组后，该分组所有联系人被显示，如图 **4-24** 所示。点击联系人头像进入对话页面。

图 4-24　进入分组查看好友

图 **4-25** 显示对话主界面，用户在该界面实现会话，界面布局如下。

（1）最近联系人列表：在本列表中选择要展开对话的好友。

（2）对话框：显示当前对话。

（3）文字输入框。

（4）功能按钮：插入表情、图片和语音。

图 4-25　对话主窗口

4.3.2　人人网

人人网是北京千橡公司发开的网络社区。用户可以在网络上交友、聊天并分享信息。人人网中可以找到老同学，也可以结交新朋友。用户也可以在小站、朋友圈等公共平台上找到志同道合的网友。

❶ 图 4-26 为人人网应用的主界面。其页面布局对应于如下的数字标号。

（1）导航栏：分类显示人人网更新信息，如状态、照片等。

（2）快捷菜单：实现发状态、拍照、发图和定位的功能。

（3）消息动态主页：每条动态显示在一个分栏内。

（4）最近来访好友。

图 4-26 人人应用主页

❷ 在图 **4-26** 所示的个人功能面板中点击 📝 图标，发布状态。其操作如下。

（1）在主发布区内输入文字。

（2）使用定位、拍照、圈人和表情等关联功能。

图 4-27 发布状态

4.3.3 网易云阅读

网易云阅读是一款十分优秀的阅读工具，如图 **4-28** 所示。应用中不仅提供了包括主流杂志、网易网络媒体以及精美图片在内的海量阅读内容，还有编辑团队专门为用户定制的大量精品专题。

图 4-28　网易云阅读

❶ 下载完成后点击磁贴进入应用，图 **4-29** 所示为进入应用前的加载页面，当应用与服务端进行信息交互时，本页面被显示到前台。

图 4-29　网易云阅读加载页面

❷ 应用完成内容更新后，自动转入应用主界面。主界面按主题分类布局，继承了 Surface 的磁贴式样。按照用户阅读兴趣点击磁贴进入对应主题以浏览内容，如图 4-30 所示。

图 4-30　分类阅读

❸ 在如图 4-30 所示的界面中点击分类磁贴，进入分类详细页面。如图 4-31 所示，在分类详细页面中呈现多个专题，点击专题便可进行内容浏览。

图 4-31　分类专题展示

❹图 4-32 所示为内容阅读工作区，左侧显示阅读内容，右侧设置同版推荐主题。

图 4-32　详细图文内容展示

4.3.4　苏宁易购

❶苏宁易购应用是苏宁易购网上商城开发的 **Surface** 平台应用客户端。图 **4-33** 为苏宁易购的主界面布局，主界面显示商品热销区，此后从左至右依次排列分类的商品板块。

❷在图 **4-33** 的主界面中，点击商品分类，应用将转至该分类商品具体详情列表，如图 **4-34** 所示，在该页面内：

（1）点击具体分类进入分类下的商品列表页；

（2）或点击页面上方的分类标题可实现跳转。

❸在详情列表中，显示在售商品。点击 人气▽ 图标，使商品按照人气排序，如图 **4-35** 所示，点击商品磁贴进入详情页。

图 4-33　苏宁易购主界面

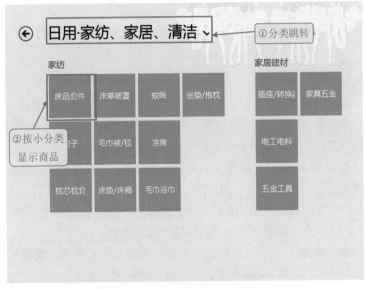

图 4-34　商品分类下的具体分类

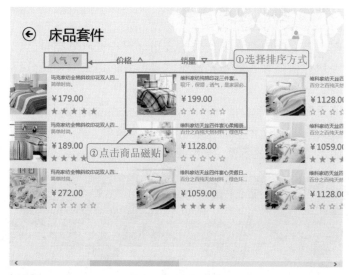

图 4-35　商品列表

❹ 图 4-36 所示详情页面中包含了商品的定价、厂家和评价等信息。点击"加入购物车"实现购买。

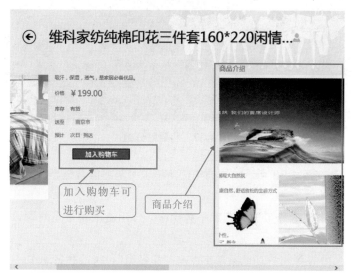

图 4-36　商品详情

4.4 管理我的应用分组

在应用商店中有许多优秀的应用，用户可以依据自己的喜好下载使用。但随着下载应用越来越多，我们应该对应用分组进行管理。

使用 2.2.7 小节介绍的"滑动重排"手势移动磁贴，将磁贴归为一组。如图 4-37 所示的开始屏幕中，本章中下载的应用被拖至一组，作为管理分组的示例。分组管理操作如下。

图 4-37　将磁贴分组

❶ 在图 4-38 所示的界面中使用缩放手势将屏幕缩小，按以下步骤进行组命名。

（1）整个分组进行选定手势操作，分组右上角显示对勾，表示被选中。

（2）在弹出的功能菜单中点击"命名组"，执行命名动作。

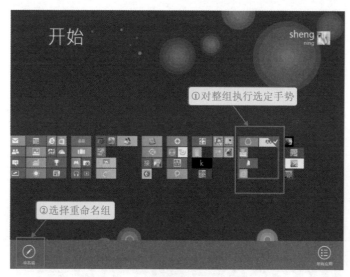

图 4-38　缩小视图，选择操作分组

❷ 如图 4-39 所示，通过命名组功能，可以为自己建立的组命名。

图 4-39　为选定组命名

5

Surface管理与设置

Surface 是当之无愧的多面手：在底层架构上，Surface 保证了极强的容错机制，系统性能优越，体系强壮，逻辑严丝合缝；在个性化定制上，Surface 独特界面设计给用户提供了足够的发挥空间，让它成为独一无二的数码宠儿。

【本章导读】

- 平板电脑细节设置
- 炫酷壁纸摆上桌面
- 隐私防偷窥技巧
- 我的时间和日期同步

5.1　平板电脑细节设置

Surface 的磁贴 UI 设计，兼顾了实用与美观，在全世界树立起美工革命的新标杆。微软为用户把握了宏观的界面风格，而细部的设置，就要交给用户自己来处理了。

5.1.1　个性化设置

个性化设置功能用以体现用户个性。在这里用户可以对锁屏壁纸、开始屏幕、用户头像等细部进行具体设置。

1. 进入"设置"应用

❶ 使用左滑手势调出超级按钮。

❷ 在超级按钮中点击设置选项。

上述操作如图 5-1 所示。

图 5-1　左滑手势呼出超级按钮

❸ 进入设置页面，如图 5-2 所示，点击右下角"更改电脑设置"，即可进入如图 5-3 所示的"设置"应用。

图 5-2　点击更改电脑配置进行个性化设计

2. 锁屏设置

锁屏设置用以设定锁屏状态下的屏幕外观和应用状态。

❶选择"个性化设置"选项卡，点击图库相应的图片作为系统锁屏壁纸，系统图库上方的显示框中展示其预览。

❷或点击"浏览"按钮，使用用户自定义的图片。

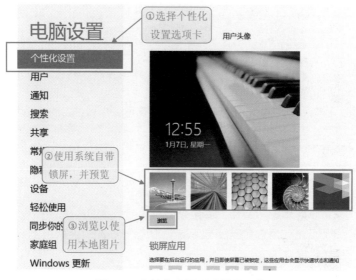

图 5-3　个性化设置更改锁屏图片

❸在选定了合适的锁屏壁纸后，用户还可以选择在锁屏时运行的应用。被选定运行的应用可以实时将动态显示到锁屏屏幕上。设定锁屏后台应用的操作如下。

（1）点击"个性化设置"后台运行管理的 + 按钮。

（2）在弹出的应用列表中，选择在后台运行的应用。

上述操作如图 5-4 所示。

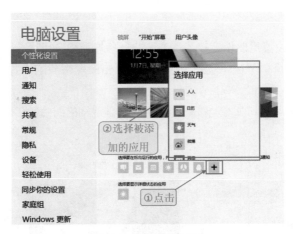

图 5-4　设置锁屏应用

❹ 在 Surface 中可以设立一项锁屏应用，该应用将在锁屏之后显示其应用详细信息，其操作如下。

（1）点击图 5-5 中标记①的位置。

（2）在弹出的对话框中选择要显示详细信息的应用。

（3）点击"不在锁屏上显示详细状态"后，锁屏状态不再显示应用的详细信息。

以上操作如图 5-5 所示。

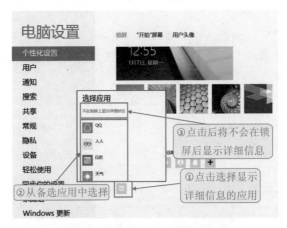

图 5-5　选择显示详细信息的应用

3. 修改头像

Surface 中设置的用户头像会作为微软账号的登录头像被系统保存，出现在 Office、联系人、SkyDrive 和用户登录等多个场合。

❶ 选择个性化设置中的"用户头像"选项卡，如图 5-6 所示。

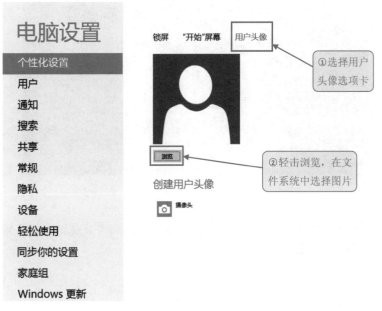

图 5-6　修改用户头像

❷ 点击"浏览"按钮，进入资源管理页面，使用本地存放图片作为系统头像，具体操作如下。

（1）在显示的资源管理页面，使用选中手势，选择图片对象作为头像。

（2）或点击该页面下的文件夹图标，进入子目录。

（3）或点击"文件"，在弹出的浏览框中选择其他路径。

（4）点击"选择图像"，完成头像设定。

以上操作步骤如图 5-7 所示。

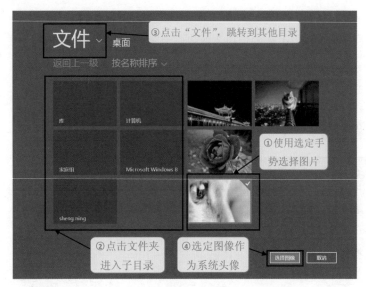

图 5-7　选择头像照片

图 5-8 所示为设置完成的用户头像效果，该头像会出现在任何使用 Microsoft ID 的登录界面上。

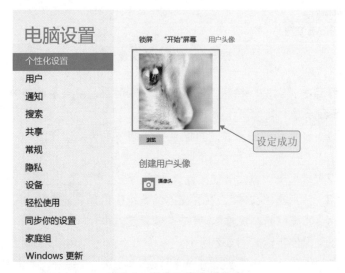

图 5-8　用户头像设置成功

5.1.2　通知设置

Surface 完美解决了后台的多任务并行，系统允许多个任务在后台运行，并及时向前台推送通知。图 5-9 示为 QQ 应用的推送效果图，对通知的管理可以由用户自己实现。

图 5-9　QQ 应用后台推送通知

通知设置也被部署在如图 5-8 所示的"电脑设置"界面中。在"电脑设置"界面中选择"通知"选项卡，分别对如下两个部分进行操作。

❶ 设置通知开关，全局控制是否开启通知、是否开启声音以及是否开启锁屏通知等。

❷ 设置通知赋权，决定各应用是否有权向前台递送通知。

上述操作步骤如图 5-10 所示。

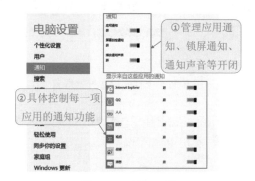

图 5-10　通知设置

5.2 炫酷壁纸摆上桌面

开始屏幕是 Surface 的重要基础界面，用户的软件体验里程从这里开始，是打开机器的门户界面，更能彰显用户的个性。在如图 5-6 所示的"电脑设置"界面中点击"个性化设置"，顺序执行如下操作。

❶ 单击"个性化设置"中的"开始屏幕"选项卡，进入开始屏幕设置页面。

❷ 点击相应位置选择背影花纹。

❸ 滑动配色块以选择主题颜色。

❹ 设置完成后，效果将在预览区显示。

以上操作如图 5-11 所示。

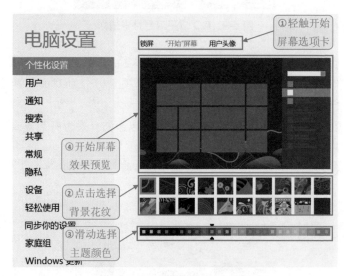

图 5-11　个性化设置开始屏幕

❺ 如图 5-12 所示，在选择了一款明丽的红色风格模板后，整体配色方案全部更新，突出主题色彩。

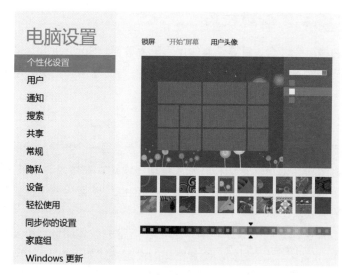

图 5-12　开始屏幕效果预览图

❻ 再次切回主屏幕后，主题背景已经被更改，如图 **5-13** 所示。

图 5-13　选定主题应用至开始屏幕

5.3　隐私防偷窥技巧

在信息化社会，重要信息的保密至关重要。Surface 强大的应用可以充分满足用户办公、工作和生活的各方面需求，而良好的安全意识正是放心使用应用的前提。

5.3.1　图片密码

用户登录是 Surface 使用流程的第一步。每一个用户对应的一套个性化选项、云文件管理和联系人管理等设定，在登录时会被加载。用户可以通过输入密码的方式登录系统，也可以使用系统提供的图片密码方式。

图片密码是在登录系统时，通过在指定的载体图像上画出预设的动作，作为登录的凭据。图片密码的设定方式如下。

❶ 在如图 5-14 所示的"电脑设置"界面中点击"用户"选项卡，点击"更改图片密码"。

图 5-14　创立或修改图片密码

❷ 创建或更改图片密码前输入普通密码进行身份验证，如图 5-15 所示。

图 5-15　更改图片密码前的密码确认

❸ 认证成功后，选择一幅图片或使用原来图片作为密码的载体，如图 5-16 所示。忘记图片密码的用户点击"重播"按钮观看图片密码的设置。

图 5-16　选择图片设置图片密码

❹ 选择图片的过程与选择用户头像时的过程无异，界面如图 5-17 所示。

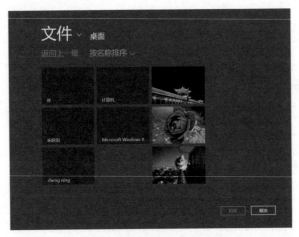

图 5-17   选择图片作为密码载体

❺选定图片后，进入图片密码设定界面，其操作过程如下。

（1）在图片上根据用户意愿独立画出三次动作，作为图片密码。

（2）输入成功后，重新输入一遍以确认。

（3）确认成功后，就可以使用图片密码作为用户登录凭证了。

（4）点击重新开始，重复此动作。

以上操作如图 5-18 所示。

图 5-18   输入图片密码

手势只能是圈和直线的组合，建议不要使用线条过多的图片作为图片密码载体，以免输入过于复杂。

5.3.2　IE 隐私保护

互联网的急速发展和网络环境的改善，给了人们更快捷更全面的信息获取渠道。同时，用户浏览记录、cookie 历史和登录痕迹也成为危及用户安全的隐患。

Surface 的浏览器中提供了 InPrivate 网页，它可自动抹除历史记录、cookie 等涉及用户隐私的上网痕迹。下面介绍 InPrivate 的使用。

❶ 在开始屏幕中打开 IE 浏览器，在 Modern IE 中使用上滑手势呼出功能菜单。点击●按钮，在弹出菜单选择新 InPrivate 选项卡，轻击可打开新的 InPrivate 选项卡，如图 5-19 所示。

图 5-19　建立 InPrivate 选项卡

❷ 图 5-20 所示是一个新的 InPrivate 页面，使用该页面访问的各种上网痕迹都不会被记录。区别于一般网页，在地址栏前方有蓝色的 InPrivate 标识。

图 5-20　建立新 InPrivate 选项卡

❸ 由 **InPrivate** 选项卡页面包含链接打开的网页都会被自动使用 **InPrivate** 页面加载，如图 **5-21** 所示。

图 5-21　页面选项卡管理器中的 InPrivate 选项卡

5.3.3　开始屏幕与锁屏的隐私保护

开始屏幕和锁屏界面是最经常被人看到的界面，一些重要的信息应该及时做好隐私保护处理。在开始屏幕中，大量保留了后台运行的程序将把消息推送到开始屏幕的动态磁贴上。该功能可以被关闭，其操作步骤如下。

❶ 对磁贴使用选中手势，应用被选中后，开始屏幕下方弹出功能菜单。

❷ 在功能菜单中点击"关闭动态磁贴"。

以上操作如图 5-22 所示。

图 5-22　关闭动态磁贴

❸ 确定此操作后，应用动态被关闭。如图 5-23 所示。用户可以对敏感应用进行如上操作，保护信息隐私。

图 5-23　动态磁贴被关闭

在本章第一节我们介绍了锁屏屏幕中可以设置显示某些应用的提示和详情，对于敏感的应用，用户可以关闭锁屏界面的该功能，以保护用户隐私，具体操作见第一节有关锁屏设置的内容。

5.4　同步我的时间和日期

外出旅行，特别是出国旅行总会遇到时区日期的困扰。时间和日期同样也影响着日程表、工作规划等工作的开展。

调整时间和日期是用户需要了解的基本操作之一，下面讲解如何同步时间。

❶ 在开始屏幕中点击"桌面"磁贴进入 Surface 的桌面模式，并做如下操作动作。

（1）点击右下角的时间标志。

（2）在弹出的窗口中，点击"更改日期和时间设置"超链接。

以上操作如图 5-24 所示。

图 5-24　桌面环境下更改时间

❷ 在弹出的日期和时间对话框内点击"更改日期和时间"按钮，可以更改时间和日期，如图 5-25 所示。

图 5-25　点击以更改时间和日期

❸ 用户也可以通过 Internet 时间服务器更新系统时间，如图 5-26 所示，其操作如下。

（1）在日期和时间对话框中，选择"Internet 时间"。

（2）在弹出的窗口中选择合适的时间服务器。

（3）点击"确定"按钮开始从 Internet 时间服务器同步。

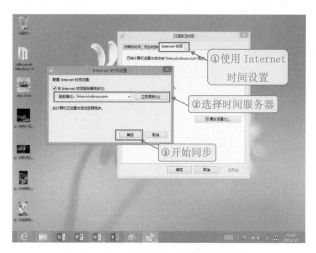

图 5-26　使用微软时间服务器同步

6

Surface商务办公入门

　　在Surface的发布会上，微软CEO鲍尔默很有自信地将Surface与iPad做了对比：iPad是面向娱乐的游戏机；Surface却能给您全世界最好的商务办公支持。本章我们将详细展示其强大的办公功能。

【本章导读】

- 文字处理
- 电子表格处理
- 演示文稿制作
- 管理我的人脉之通讯录
- 管理我的行程之备忘录

6.1　文字处理

　　Surface 平板电脑中预装了 Office 2013 RT 定制版。在功能上和 x86 版本基本保持一致，仅从安全性的角度上禁用了宏和插件的功能。新 Office 的云部署、远程演示与 Surface 的高移动性相配合，形成了完美的轻量商务方案。

　　Office 系列产品是微软极重要的桌面应用，功能强大，使用广泛。因篇幅所限，这里仅介绍 Office RT 的基本使用。

6.1.1　欢迎界面

　　如图 6-1 所示，通过点击开始屏幕或进入桌面模式点击任务栏 Word 图标，便可进入新的 Office Word。

图 6-1　Word RT 开始界面

欢迎界面由以下三部分组成：

❶ 显示最近使用的文档信息；

❷ 搜索框，直连官方模板库；

❸ **Office** 推荐模板。

6.1.2　开始选项卡

打开新的文档后，在文档的工作栏中使用全新的 **Word** 工作区布局。新的工作区布局更易于用户使用，如图 **6-2** 所示。

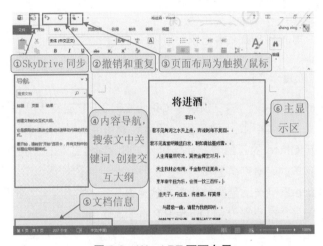

图 6-2　Word RT 页面布局

页面布局如下。

❶ **SkyDrive** 同步：存储在 **SkyDrive** 中的文档，点击该按钮后，目前的改动将被存储到 **SkyDrive** 服务端。

❷ 撤销与重复：每一次撤销，文档将会恢复到最后一次操作之前的状态，重复操作会重新进行刚才执行的动作。

❸ 触摸 / 鼠标切换：设定页面布局面向鼠标或触摸，触摸视图下的页面布局按钮间隔更大，以准确点击。

❹ 导航及内容搜索：在导航页面显示文档的结构图，帮助用户快速定位；内容搜索在页内搜索定位关键词。

❺ 文档信息：显示文档的字数、页数等信息。

⑥主显示区：展示文档正文内容。

主操作界面的默认首页为开始选项卡，如图 6-3 所示。开始选项卡集成了使用频率最高的一组功能。

❶剪切板：该模块对被选定文字段进行复制、剪切等操作。

❷字体：该模块对选定文字段的字体进行设定。

❸段落：该模块主要参与对齐、缩进、段间距离等属性的设定。

❹样式：该模块整体设计文章的样式。

在主显示区的文字区域中点击，生成一个可以拖动的选区，如图 6-3 所示。选区两端的圆圈可以被拖动用来精确选区。在选定的区域，可以使用开始选项卡的各项功能进行操作和设置。

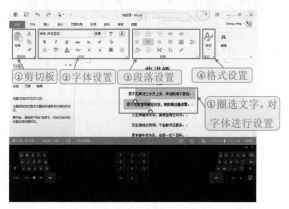

图 6-3　开始选项卡

6.1.3　插入选项卡

1. 插入选项卡布局

插入选项卡可以在 Word 文档里插入用户需要的图片、对象、表格、页眉等，如图 6-4 所示。其布局以数字对应之。

（1）插入表格：插入 Word 样式、Excel 样式及快速样式的表格。

（2）插入图片：插入普通图片、联机图片及 SmartArt 等多种图表元素。

（3）插入媒体：插入视频的网络链接地址或将存放在 SkyDrive 中的视频文件添加到文章中。

（4）插入批注：插入 Word 批注信息。

（5）插入文本：插入文本框、艺术字等文本元素。

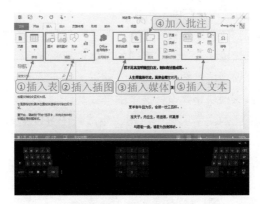

图 6-4　插入选项卡

2. 插入表格及设置

❶ 插入表格是在文字操作中常被使用的功能，插入方式如下。将光标定位到预期插入位置。

（1）点击▦图标。

（2）在示例表格中选定表格的行列数。

（3）或点击"插入表格"，直接输入行列数。

以上操作如图 6-5 所示。

图 6-5　插入表格

❷生成一个原始表格后，Word 选项卡自动跳转到表格工具中的设置栏，设置表格格式，其操作如下：

（1）设置添加表格的特殊行；

（2）点击选择表格样式；

（3）设置边框与线条。

以上操作如图 6-6 所示。

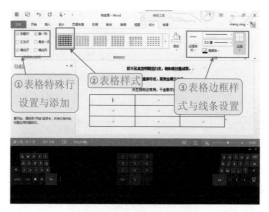

图 6-6 设置表格样式

❸点击█图标，在弹出的颜色框中选择将被填充在表格中的颜色，如图 6-7 所示。

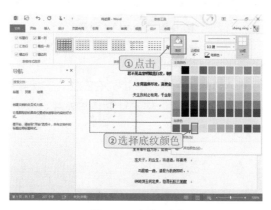

图 6-7 底纹设置

3. 插入 SmartArt 图形

Office 还为精致的文档展示提供了一整套美观实用的 smart 对象，方便用户快速建立新颖漂亮的图表，其操作如下。

（1）在插入选项卡中，点击图形；

（2）在弹出的窗口中，选择 SmartArt 图形的类别；

（3）在列表中选择图像形状。

以上操作如图 6-8 所示。

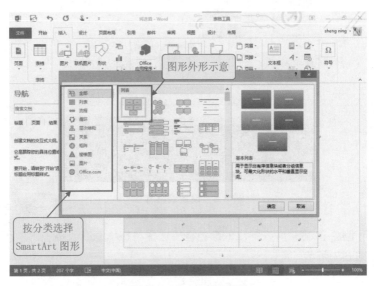

图 6-8　SmartArt 图形

（4）拖动图形以改变其相对位置；

（5）文字输入区域以列表形式排列在左侧，方便输入；

（6）在 "**SmartArt** 样式" 中设计颜色与外观。

以上操作如图 6-9 所示。

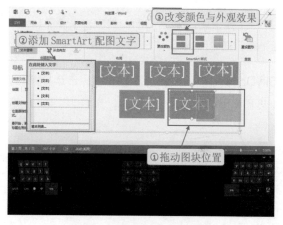

图 6-9　添加 SmartArt 文字

4.Office 的 SkyDrive 操作整合

新 **Office** 的重大改进是将云服务作为整合信息资源的基础。在 **Office** 的各个部分都显示了云在支持移动办公上的巨大作用。

❶ 在图 **6-10** 所示中插入选项卡主界面，点击▓图标，在弹出的界面中选择图片来源为 **SkyDrive**，**Office** 将访问 **SkyDrive** 文件夹，如图 **6-10** 所示。

图 6-10　三种方式插入图片

提示：网络图片的来源还可以是 Office 的官方库或者 Bing 图像搜索，微软自身产品间有很好的兼容性。

❷ 在 **SkyDrive** 返回的文件资源列表中点击选择图片，图片将被下载并插入到文章中，如图 **6-11** 所示。

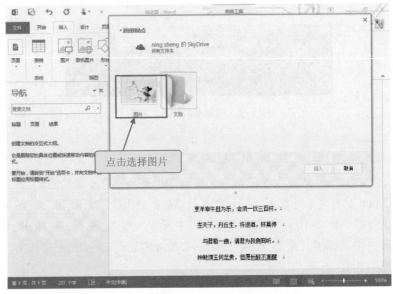

图 6-11　选择 SkyDrive 云端文件以插入

6.1.4　设计选项卡

❶ 设计选项卡主要实现了字体、字间距、字体样式和段落格式等文字编辑中版式设计的大量参数设定，其操作如下。

（1）选择"设计"选项卡。

（2）点击设计样式库。

（3）选择设计样式，决定全文显示格式，如图 **6-12** 所示。

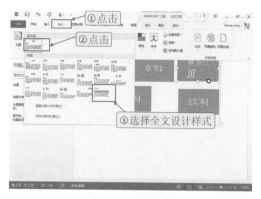

图 6-12　设计页面

❷ 在设计选项卡上，用户可以对全文格式进行统一编辑设定。而对于有特殊要求的细部设计，可以转至页面布局选项卡。

6.1.5　页面布局选项卡

页面布局选项卡如图 6-13 所示。包括对页面设置、稿纸、段落和排列的具体设置。

页面设置：对展示页面进行设定，包括纸张的方向和分栏等显示属性。

段落：对段首尾的缩进及段间间距进行设定。

排列：实现对图层叠放的具体设定。

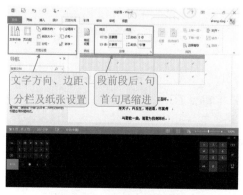

图 6-13　页面布局选项卡

6.1.6 文件选项卡

Word 的文件选项卡部署了一系列有关文件属性和相关操作的重要选项。

1. 信息

❶ 如图 **6-14** 所示，在文件选项卡中点击信息功能，以显示文件的信息。

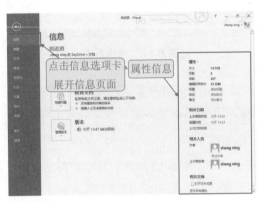

图 6-14 文件信息

❷ 点击 图标，在弹出的页面中对保护文档进行设置，如图 **6-15** 所示。

图 6-15 保护文档设置

> 提示：基于云服务的 **Office RT** 允许多用户共同完成文档，保护文档安全性在 **Office RT** 中的意义尤为突出。保护文档选项卡可以控制其他类型用户对文档的更改和访问方式，避免文档被非法修改，保护信息的安全性。

2. 新建

❶ 新建功能卡用以新建一个文档，操作如下。

（1）如图 **6-16**，在文件选项卡中点击"新建"功能。

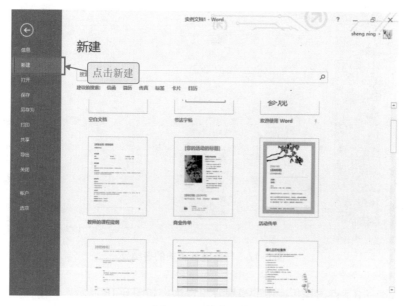

图 6-16　新建文件

（2）如图 **6-17** 所示，在上方搜索栏中输入关键词"活动"。应用将通过联机显示文档模板。"新建"选项卡的主界面显示模板设计效果，类别分栏内显示各个分类包含上述关键词的数量，点击分类可以进入类别以查看。

图 6-17 与关键词有关的各类别

（3）点击模板库中的模板查看详情。如图 **6-18** 所示，详情包括
介绍、大小和评分等，点击 图标，下载建立文档。

图 6-18 模板下载

（4）如图 6-19 所示，系统按照用户要求执行下载模板的命令。下载完成后，用户便可以按照自己的意愿，修改完善文档。

图 6-19 正在下载

3. 打开

❶文件打开功能用以打开本地及云端的文件，其操作如下。

（1）在"文件"选项卡，点击"打开"。

（2）选择被打开文件的位置，若来自于"计算机"，其打开方法并无改动，此处不再赘述。

（3）点击 SkyDrive，显示该机登录账户的云服务端信息，点击图标，可与云端交换信息，如图 6-20 所示。

图 6-20 打开文件界面

（4）选择了打开 SkyDrive 文件后，Office 会以当前登录用户信息发出访问请求，与云端交互获得最近的信息，如图 6-21 所示。

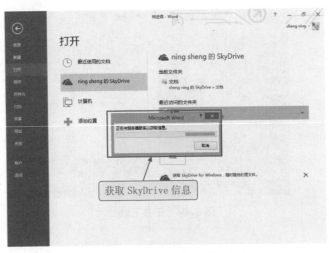

图 6-21　连接服务器以获取信息

（5）在图 6-22 显示界面，当 Office 接入云服务器后，其打开文件功能的实现与传统的本地打开基本一致。

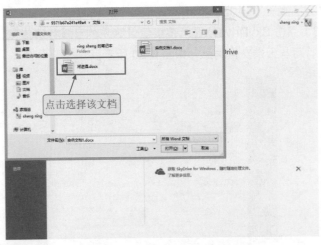

图 6-22　连接云服务器文档文件夹

4. 共享

❶ Office RT 基于云服务架构,它允许多个用户同时完成对文件的编写。强大的云文件平台甚至不要求受邀请的其他用户安装 Office 套装,完全依赖平台的处理能力,其操作如下。

(1)点击"文件"选项卡的"共享"功能,选择"邀请他人",如图 6-23 所示。

图 6-23　共享页面

(2)为受邀请人设定权限后,点击 进行联系人管理,如图 6-24 所示。

图 6-24　邀请他人以共享文件

（3）点击"新建联系人"添加联系人信息。

（4）在列表中选中联系人，并点击"收件人"按钮，联系人将被添加到邮件收件人列表中去，如图 6-25 所示。

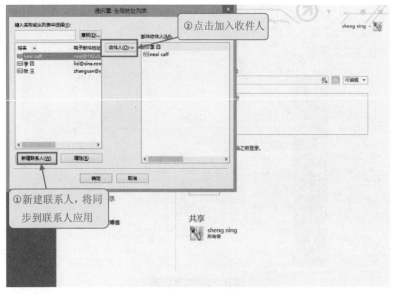

图 6-25 同步联系人

❷ 创建者也可以通过创建链接发送给其他人来查看或修改该文档，操作如下。

（1）在"共享"功能卡中点击"获取共享链接"。

（2）复制查看链接，发送给受邀请的人，点击右侧"禁用链接"可禁用该共享链接。

（3）点击"创建链接"生成编辑链接，该链接具有编辑权限，使用该链接访问的用户可以修改文档。

以上操作如图 6-26 所示。

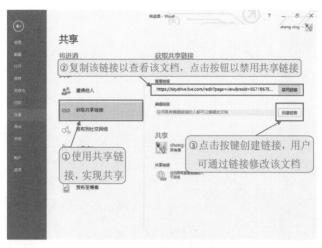

图 6-26　获取链接以共享文档

❸ 新 Office 实现了基于电子邮件的共享实现。通过 Surface 提供的邮件应用，将该文件以用户需要的形式发送，操作如下。

（1）点击"共享"功能卡的"电子邮件"选项。

（2）点击选择邮件格式，并发送，如图 **6-27** 所示。

邮件格式介绍如下。

发送附件：每个用户收到一份副本。在副本下可以进行阅读。

发送链接：创建链接与上一节相同，同时将该链接写入邮件进行发送。

发送 PDF：PDF 是一种国际标准文件格式，可以在任何主流平台如 Windows、Mac OS、Linux、iOS 和 Android 等平台上被正常打开，但不易修改。

发送 XPS：XPS 是微软自己提供的一种标准文件，一方面它可以完整保留 Word 文件的格式；另一方面又在编辑上做了一定的保护，被认为是 Adobe 公司 PDF 的强大竞争对手。XPS 在 Windows 平台上表现稳定，同时提供了打印时的调整功能。

发送到 Internet 打印机：可以直接以网络传真的方式发送到 Internet 打印机进行打印。

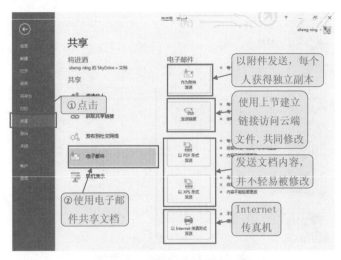

图 6-27　使用电子邮件进行共享

❹ Office 不仅提供简单的共享，还可以在 Surface 上进行联机演示，操作如下。

（1）在如图 6-28 所示的"共享"页面上选择"联机演示"，系统将会提示连接到 Office 演示文稿服务器，如图 6-28 所示。

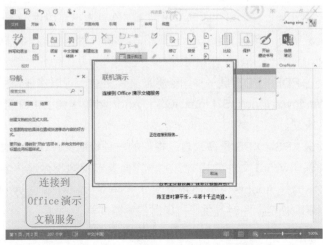

图 6-28　连接 Office 演示文稿服务器

（2）如图 6-29 所示，Office 在服务端创建了服务后，自动准备联机演示文档。

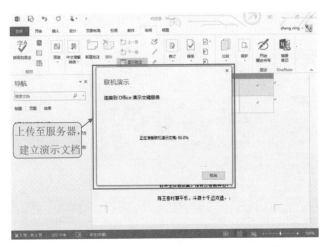

图 6-29　连接成功后将本地文档上传至服务器

（3）联机演示准备好之后，应用将为用户创建一个超链接，如图 6-30 所示。其他用户点击该链接便可以看到当前本机的内容和动作动画演示。

图 6-30　部署完成后创建观看联机演示的链接

（4）联机演示开始后，界面如图 6-31 所示。受邀请人将看到本地进行的演示效果，用户之间的 note 笔记可以通过该服务器共享，点击 ☒ 图标结束演示。

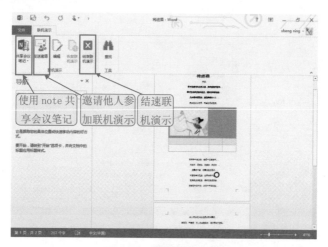

图 6-31　联机演示开始

6.2　工作表格

Excel 是 Office 极重要的一款应用，Excel 命名源于 excellent(优越)。可见微软对其的偏爱。Excel 可以进行各种数据的处理、统计分析和辅助决策操作，广泛地应用于管理、统计、财经、金融等众多领域。

值得注意的是，出于 Surface 平板电脑特殊的架构及安全性考虑，Office RT 不支持宏和插件，但这基本并不妨碍它高效的办公能力。

6.2.1　欢迎界面

Excel RT 开始界面，沿袭了 Office 的基本布局。在开始界面上展示用户曾经使用过的表格类型。搜索框中键入关键词后，可以从 Office 官方库获得返回结果，供用户使用。

❶ 点击主界面选择模板类型，生成一个新的空白文档,如图 6-32 所示。

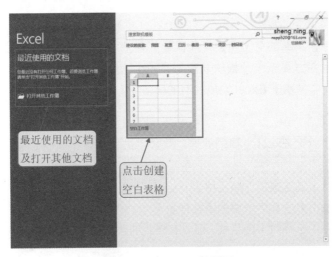

图 6-32　Excel 开始界面

❷ 如图 6-33 所示，新建的 Excel 页面上显示整齐的空白单元格，上方功能菜单对应着开始、插入、页面布局、公式、数据、审阅和视图等几个选项卡。

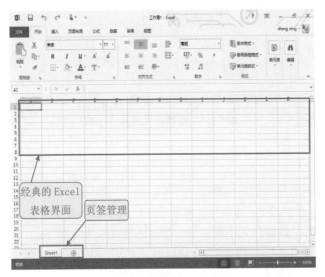

图 6-33　空白 Excel 文档

6.2.2　开始选项卡

开始菜单部署了用户可能需要的最基本功能。其中剪贴板、字体和对齐方式三个子板块功能与 Word 基本相同。数字、样式和单元格操作是基于 Excel 功能独有的配备项。

1. 数字卡操作

❶针对 Excel 主要的处理对象数字进行关于格式的处理，操作如下。

（1）选定被操作单元格。

（2）点击数字卡中的下拉框。

（3）选择数字的格式，形成有格式的数据信息，如图 6-34 所示。

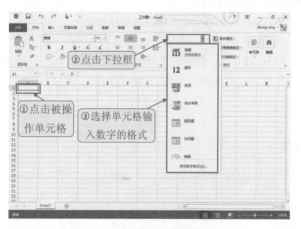

图 6-34　选择单元格数字格式

2. 样式卡操作

样式卡用来制定表格显示样式，美观明晰的表达表格的意义。

❶"条件格式"功能可以对满足条件的单元格显示方式做出设定，对于不同的数据使用不同的颜色加以区分，其操作如下。

（1）点击以选择受影响的列。

（2）拖动选框，更改受影响列的数量。

（3）点击"条件格式"。

（4）选择使用的表达方式为"数据条"。

（5）选择渐变填充中的颜色样式，此时受影响列的显示发生变化，此时第（2）步的操作动作，依然可以使用，被框选的列马上受到影响。

以上操作如图 6-35 所示。

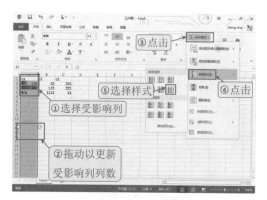

图 6-35　设置单元格数据表示格式

❷ "套用表格格式"实现了整表的显示效果设定，其操作如下所示。

（1）点击"套用表格格式"。

（2）选择表格格式。

以上操作如图 6-36 所示。

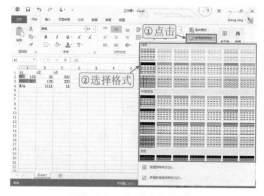

图 6-36　套用表格格式

（3）在弹出的窗口输入作用范围，或直接拖动图表中的绿色虚框。

（4）点击"表包含标题"选框，以区分标题栏。

（5）点击确定，格式将被套用。

以上操作如图 6-37 所示。

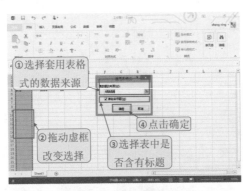

图 6-37　选择影响范围

❸ "单元格的样式"规定具体单元格以何种格式展示数据，以突出该数据的特定含义。如货币、警告、标题、注释等，其操作如下。

（1）选择被作用列。

（2）点击"单元格样式"。

（3）在格式库中点选格式。

以上操作如图 6-38 所示。

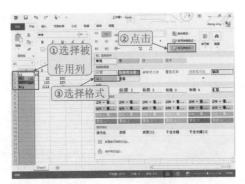

图 6-38　设置单元格格式

6.2.3　插入选择卡

插入选择卡主要应用于在表格中插入文本符号、超链接以及数据分析视图等资源，而最常用的则是插入图表。

插入图表

❶ 插入图表是表格操作的常用操作之一，其操作如下。

（1）使用手指拖动选择希望被显示到图表中的数据。

（2）点击 图标。

以上操作如图 6-39 所示。

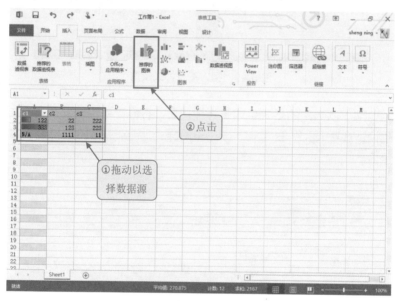

图 6-39　选择数据生成图表

（3）在弹出的对话框中选择插入图表的样式，右侧配有该图表效果与使用场合，如图 6-40 所示。

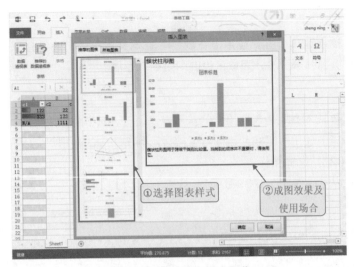

图 6-40　插入图表样式预览

（4）以选定的格式生成图表样式后，将会自动跳转到图表工具的设计选项卡。点击"图表样式"中的样式，更改图表外观，如图 6-41 所示。

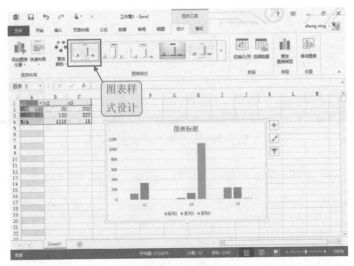

图 6-41　图表设计

（5）返回插入选项卡，在"图表"中点击 ；

（6）在弹出下拉框中选择图表样式，原图会以条形图显示。

以上操作如图 6-42 所示。

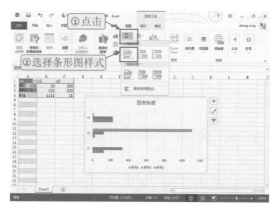

图 6-42   更改图表显示格式

6.2.4　页面布局

Excel 的页面布局选项卡实现功能基本与 Word 相似，实现页面显示的总体设计。

如图 6-43 所示，通过页面布局设计拥有大量涉及外观的功能按钮。

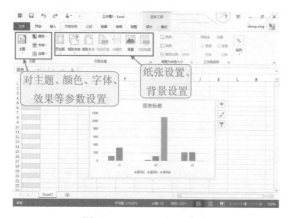

图 6-43   Excel 页面布局

6.2.5 公式

Excel 的另一项重要的基本功能就是强大的内置公式库，用户可以利用公式库生成一张有计算能力的智能表格。

❶ 基本的公式功能集中在函数库内，如图 6-44 所示，用户使用 Excel 函数实现求和、逻辑、文本和财务等多种功能。

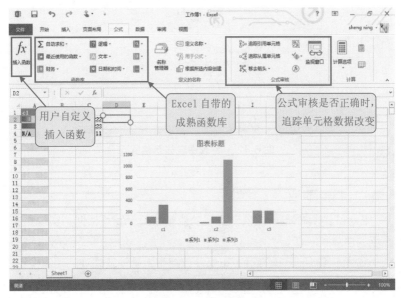

图 6-44 公式页面

❷ 试以自动求和讲解函数使用，其操作如下。

（1）点击选定输出结果的单元格。

（2）点击"自动求和"。

（3）在下拉框中选择"求和"功能。

以上操作如图 6-45 所示。

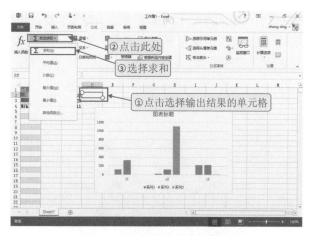

图 6-45　选择自动求和功能列

（4）如图 **6-46** 所示，拖动虚线选框，增删需要被累加的列，结果被添加到显示公式的单元格内。

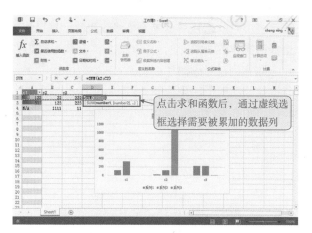

图 6-46　使用自动求和功能生成求和函数

6.2.6　使用模板快速创建实用表格

Office 官方库提供了海量模板库，涵盖财务、进度和报表等多个领域。

如图 6-47 所示，我们选择下载一套官方净值模板。模板已经为用户完成了仪表、分类净值计算以及图表关联等必要工作。而用户需要做的只是修改数据和显示。

图 6-47　下载财务报表

修改数据

❶ 在资产表中可以直接点选单元格修改数据，其操作如下。

（1）选择被操作的页签。

（2）点击数字列，修改数字。

（3）修改结果实时反映到图表上。

以上操作如图 6-48 所示。

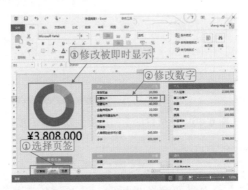

图 6-48　在模板中更改数据

6.3　幻灯片展示

PowerPoint 是 Office 力主推荐的展示演示文稿软件，不仅可以在投影仪上演示，也可以被打印、制成胶片、用来召开互联网会议。新版本的 PowerPoint 不仅可以在 Surface 上部署演示文稿 PPT，同时可以直接利用 Surface 良好的触摸演示，召开同步的互联网会议。

6.3.1　PowerPoint 欢迎界面

下载模板

❶ 在 PowerPoint 的欢迎界面选择合适的模板，点击以下载，如图 6-49 所示。

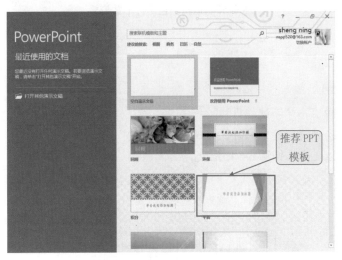

图 6-49　PowerPoint 开始界面

❷ 点击左侧"更多图像"查看不同版式的外观详情。

❸ 选择配色切片。

❹ 点击"创建"，创建模板。

以上操作如图 6-50 所示。

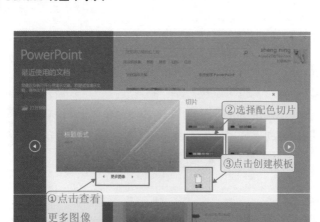

图 6-50　选择颜色切片下载模板

6.3.2　PowerPoint 基本功能

新建幻灯片

❶ 点击 "新建幻灯片"。

❷ 选择新建幻灯片的版式。

以上操作如图 **6-51** 所示。

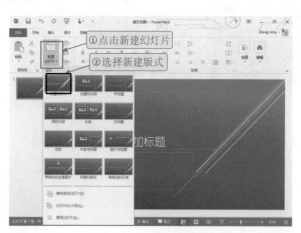

图 6-51　新建幻灯片

❸ 新建幻灯片后，对内容进行编辑。

❹ 使用字体设定区编辑幻灯片的字体。

以上操作如图 6-52 所示。

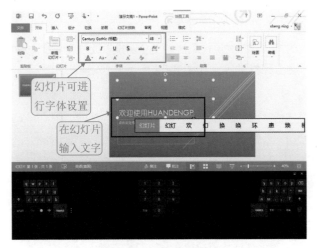

图 6-52　设计幻灯片

❺ 在新建的幻灯片中，点击 图标插入在线图片，方法与 Word 中的插入操作一样，同样还可以插入图表、表格等，如图 6-53 所示。

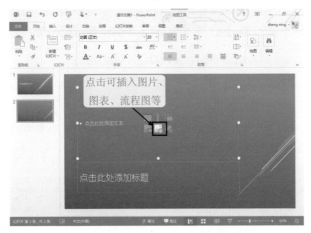

图 6-53　不同格式幻灯片满足用户要求

6.3.3　PowerPoint 高级设定

当幻灯片建立完成后，用户可以进行一些播放技巧的设定，用来展示生动活泼的演示文档。

1. 设定幻灯片切换动作

完成幻灯片建立之后，点击转至"切换"选项卡设计切换的效果，如切出、淡出和推进等，如图 **6-54** 所示。

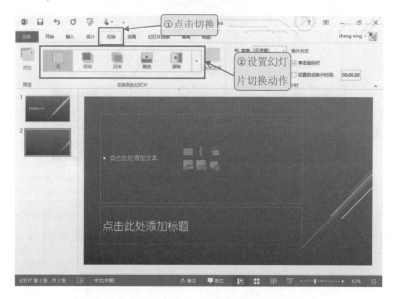

图 6-54　设计幻灯片切换动作

2. 设定幻灯片播放动画

❶ 幻灯片上内容的播放效果，将在"动画"选项卡中进行选择，步骤如下。

（1）点击"动画"选项卡。

（2）圈选需要被设置动画的内容。

（3）点击选择动画动作。

以上操作如图 **6-55** 所示。

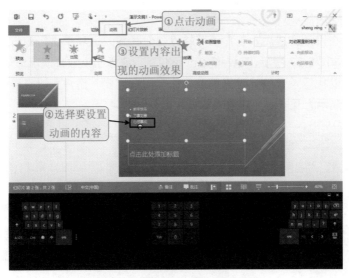

图 6-55 幻灯片内容设计演示动画

设定完成之后，PowerPoint 会标记内容动画播放的顺序。点击 ★ 图标，预审顺序是否正确，如图 6-56 所示。

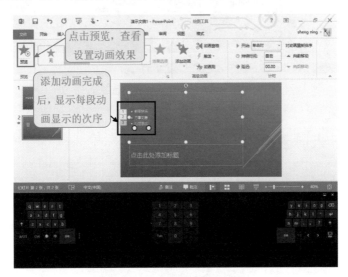

图 6-56 设计完成显示步进次序

3. 播放幻灯片

在设计完成后，用户便可转入幻灯片放映选项卡进行幻灯片放映。如图 **6-57** 所示，PowerPoint 不仅可以在本机上放映演示幻灯片，还可以执行录音、记时等复杂工作。如有需要，用户可以直接使用联机演示为互联网用户放映幻灯片。

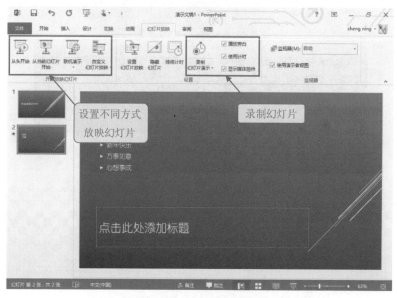

图 6-57　幻灯片放映页面

6.4　人脉管理

6.4.1　认识人脉管理

人脉是 Surface 重要的联系人信息集成管理平台，并作为底层功能被诸多应用关联。在开始屏幕中点击人脉应用磁贴，运行应用，如图 **6-58** 所示。

图 6-58　开始屏幕上的人脉应用

图 6-59 为人脉应用的主界面。人脉应用中集成了当前账号同步登录的各大社交网络的更新信息。同时在人脉应用中显示了该账号本地与远程云端存储的联系人信息。

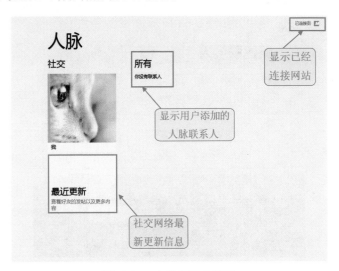

图 6-59　人脉应用主界面

6.4.2 添加联系人信息

❶ 如图 6-60 所示，在主界面使用上滑手势呼出功能菜单。点击右下角"新建"功能键，转至新建联系人界面。

图 6-60 呼出功能菜单

❷ 在新建联系人界面，为账户添加联系人详细信息，如姓名、邮箱和电话等。输入完毕点击右下方"保存"按钮，该信息便被系统记录在人脉应用中，如图 6-61 所示。

图 6-61 新建联系人

❸信息被保存后，转回到人脉主界面。在联系人列表中显示刚才被添加的信息，如图 6-62 所示。点击"张三"将转入联系人详情页面。

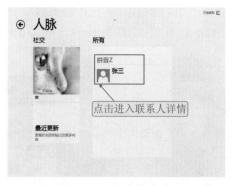

图 6-62　联系人添加完成

❹联系人详情页面，集成了很多实用的交际功能。

（1）点击"发送电子邮件"，将转至邮件应用，以目前登录账号发送邮件。

（2）点击"查看个人资料"，以查看目前联系人的资料。

（3）在该页面下使用上滑手势呼出功能菜单，选择"编辑"，可编辑联系人档案。

以上操作如图 6-63 所示。

图 6-63　上滑调出人脉功能菜单

6.4.3 多平台信息集成

用户可以直接在人脉中与各大社交平台进行连接，整合平台信息集中体现在人脉应用的界面上。

❶如图 6-64 所示，使用左滑手势调出超级按钮，使用"设置"功能添加用户，在弹出的页面中选择 Google 作为对接对象。

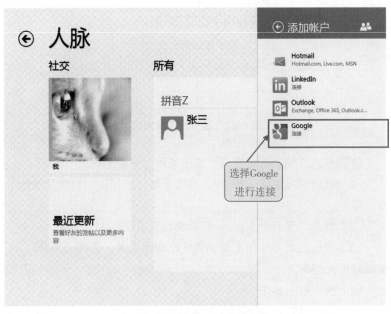

图 6-64　在人脉添加可连接账户

❷如图 6-65 所示，输入 Google 账户的用户名和密码。输入完成后，点击"连接"连接服务器以验证匹配。一旦匹配成功，应用便会将 Google 账户的实时消息推送到人脉应用的主界面上。

图 6-65　添加 Google 账户

6.5　日历与事务管理

　　Surface 在日历应用中添加了事务管理功能，帮助用户制定详细周密的事务规划。

　　利用日历应用，用户可以在未来的规定时间段内设置提醒，其操作如下。

　　❶ 在如图 6-66 所示界面中，使用上滑手势调出功能菜单，在功能菜单中点击"新建"。

图 6-66　在日历界面上调出功能菜单

❷选择备忘录的开始时间、日期和持续时间。

❸添加备忘的题目和内容，点击⊞图标进行保存，如图 6-67 所示。

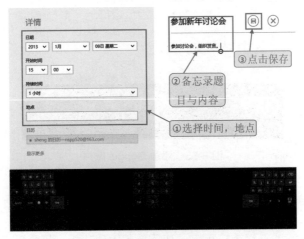

图 6-67 添加备忘内容

❹在如图 6-68 显示的界面上可以看到，当一条事务信息被建立后，该信息会被显示在日历上，以备随时查看。

图 6-68 在日历中显示备忘信息

❺ 开始屏幕上，日历应用的动态磁贴将滚动显示处于提醒周期内的事务信息，如图 6-69 所示。

图 6-69　在日历动态图显示备忘信息

7

Surface随身影音

Surface 在商务领域打出了高调的 Office RT 套装 "组合拳"，将人们对平板的商务处理能力的认识提到了一个新的高度。相较商务软件的绚丽效果，Surface 在影音的处理上返璞归真，回归功能的设计，以其简单的操作和一体集成的理念，吸引其大量桌面系统的粉丝投入微软平板电脑的怀抱。

Windows 系统提供了稳定的底层架构，配以强大的第三方软件，使您的电脑办得商务、看得电影，能文能武。

【本章导读】

- Surface 音乐
- 音乐应用推荐
- Surface 视频
- 视频应用推荐

7.1　Surface 的音乐王国

7.1.1　强大便利的音乐播放器

1. 使用播放器播放音乐

硬件上，Surface 保证音频文件在播放时被高质量还原；系统构架上，传承了 Windows 一如既往的开放性，无论音乐来自于移动存储设备还是网络，都可以被良好地包容和管理。

图 7-1 所示为 Surface 内置的音乐播放器，播放器可以从默认库和用户指定的文件夹中取抽音乐信息，进行播放和管理。播放音乐的操作如下。

❶ 选择合适的排序方式排列音乐文件。

❷ 在主显示区内点击音乐开始播放。

❸ 使用上滑手势召唤功能菜单，实现播放控制。

以上操作在图 7-1 中被展示。

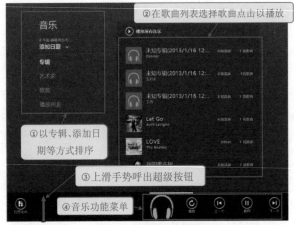

图 7-1 音乐应用首页

2. 建立播放列表

播放列表用于用户自定义播放曲库，利于区分和管理歌曲，建立播放列表的操作如下。

❶ 在音乐播放时使用上滑手势呼出功能菜单。

❷ 点击左下角 "添加到播放列表" 功能，将在播音乐添加到播放列表中。如图 **7-2** 所示。

图 7-2 歌曲操作界面

3. 分屏播放处处有音乐

　　Surface 保证音乐无时无刻不伴于用户左右，播放器不仅可以在后台流畅运行，更可以贴靠屏幕的形式与主工作区并行执行。

　　分屏的具体介绍见 **2.5.1** 小节内容。简明实现步骤如下。

　　❶ 将手指按在音乐应用屏幕的上部，拖动应用至屏幕左右任一侧，在出现了分栏条后放开手指，形成分屏。

　　❷ 点击任一应用，如 **Modern IE**，浏览器将在有分屏的界面中运行。

　　分屏的执行效果如图 **7-3** 所示。

图 7-3　分屏操作，随时享受音乐

　　❸ 分屏的主从位置并不绝对，手指点击红色分屏栏将其从从屏向主屏方向推动，主从屏角色便得以互换，如图 **7-4** 所示。

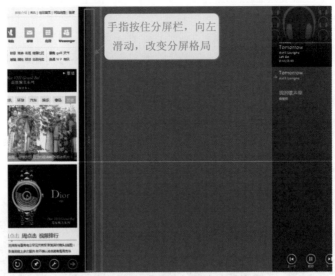

图 7-4　按住分屏栏，改变分屏格局

❹ 滑动切换后，音乐成为主屏幕应用，如图 7-5 所示。在需要操作音乐时切换到本分屏视图，操作完成后，再快速恢复原分屏视图，方便快捷。

图 7-5　主从屏流畅切换

4. 充实我的音乐库

音乐应用直接从被包含的库中抽取音乐信息。用户向音乐库添加音乐文件，以充实音乐应用。一般使用网络下载、第三方软件下载和移动介质复制的方式添加音乐，下面分别介绍三种添加音乐的方式。

❶ 将移动介质的音乐直接复制到音乐库中，音乐将自动被系统应用搜索到。如图 7-6 所示。

图 7-6　从移动介质复制音乐到音乐库中

❷ Windows 开放的文件管理平台，可以直接使用从网络下载的音乐。操作方法如下。

(1) 在桌面环境下打开 IE，输入百度音乐网址，按关键词搜索歌曲或浏览榜单查找歌曲，如图 7-7 所示。

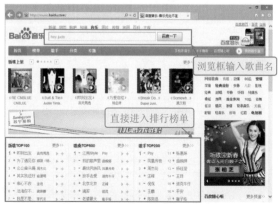

图 7-7　桌面 IE 音乐搜索页面

(2) 在歌曲列表中，点击 ▤ 图标进入下载界面。在下载界面中，点击 "下载" 按钮执行下载，如图 **7-8** 所示。

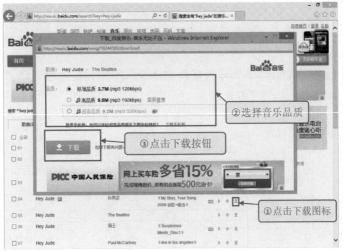

图 7-8　桌面 IE 下载歌曲

(3) 点击 "下载" 按钮之后,弹出打开方式对话框,如图 **7-9** 所示。轻触 "保存" 按钮右侧的向下箭头，选择 "另存为" 选项，在弹出的路径选择框中选择音乐库文件夹。该音乐文件将会保存到音乐库中，继而被音乐应用检索到。

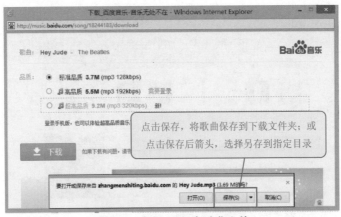

图 7-9　桌面 IE 保存歌曲文件

注意：如果直接选择"保存"，文件会被保存到下载文件夹下。将下载文件夹中的文件移动到音乐库中或直接将下载文件夹包含到音乐库中，下载的音乐将被音乐应用搜索到。

将文件夹包含到音乐库中的具体操作如下。

(1) 如图 7-10 所示，打开音乐库文件，点击库工具选项卡。

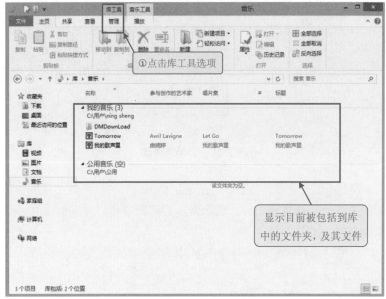

图 7-10　Surface 音乐库

(2) 点击管理库按钮，在弹出的窗口中查看目标文件夹是否被包含。

(3) 如没有被包含，在对话框内点击"添加"按钮，添加"下载"文件夹。

以上操作如图 7-11 所示。

图 7-11   音乐库管理

(4) 添加完成后，音乐库中新增了"下载"文件夹。文件夹中包含的内容也将被显示出来，表示音乐应用已经可以搜索到该文件夹中的音乐，如图 7-12 所示。

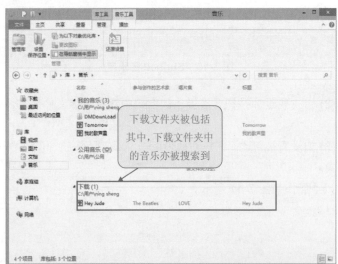

图 7-12   添加完成后，在库中显示被包含目录下的音乐

Modern IE 也可以进行音乐下载，其操作步骤与桌面 IE 完全相同。但在下载时不再提供"另存为"功能，直接将文件保存到下载文件夹内，如图 7-13 所示。

> **提示：** 在使用上文提及的音乐库定义操作后，IE 保存的音乐可以直接被音乐应用获取到。

图 7-13　Modern IE 下载歌曲

7.1.2　音乐应用推荐

Surface 官方的音乐软件功能简洁，完全可以实现音乐播放的要求。而应用商店中推出的大量精彩音乐应用提供了更人性化的音乐下载管理功能。

多米音乐是一款优秀的免费音乐软件，用户可以在应用商店下载获得。

1. 多米音乐基本使用

❶ 图 7-14 所示为多米音乐的主界面，界面布局块主要由以下几部分构成。

(1) 用户功能块：用户资源的管理版面，在本版面点击可查看用户的歌单、本地音乐和音乐的下载进度。

(2) 播放控制：执行播放过程中的播放、暂停和切歌等任务。

(3) 推荐专题：服务器的推荐歌曲以专题形式呈现给听众。

图 7-14 多米音乐主界面

❷ 如图 **7-15** 所示，点击进入推荐主题，显示主题内的歌曲信息。点击歌曲磁贴开始播放歌曲。

图 7-15 专题音乐播放界面

❸ 轻点如图 7-14 所示界面右上角的"请登录"，在弹出的页面中注册并登录多米音乐，登录后的用户拥有下载音乐、创建表单和收藏曲目等高级功能，如图 7-16 所示。

图 7-16　多米通行证登录

2. 使用多米音乐下载音乐

在多米音乐中可以选择不同的系统主题下载音乐，也可以直接通过搜索关键词下载，搜索操作如下。

❶ 如图 7-17 所示，使用左滑手势调用超级按钮，选择搜索功能。输入关键词进行搜索。

> **提示**：大部分运行在 Surface 上的程序都支持超级按钮的各项功能，熟练使用超级按钮可以让您的操作更快捷。

图 7-17 超级按钮搜索功能搜索歌曲

❷ 搜索完成后，在搜索结果页面使用选定手势选择音乐，在页面下方弹出的功能菜单中点击"下载"，如图 7-18 所示。

图 7-18 多米音乐选择音乐进行操作

❸ 对多个磁贴执行选中手势，可以同时下载多首歌曲，如图 **7-19** 所示。

图 7-19　多米音乐批量选择音乐进行操作

❹ 在如图 **7-19** 所示的界面中，点击界面左上角的 按钮返回主界面。在如图 **7-14** 所示的主界面下点击"下载管理"磁贴，进入如图 **7-20** 所示的界面，显示文件下载进度。

提示：多米音乐会将音乐直接下载到音乐库文件目录下，故使用本应用下载文件可以被系统自带的音乐应用搜索到。

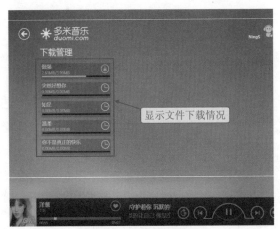

图 7-20　下载进度管理

3. 创建歌单

歌单将音乐按照用户喜好进行分组，利于管理。创建歌单的操作如下。

❶ 在如图 **7-14** 所示的主界面中，点击"我的歌单"。

❷ 在进入的界面中使用上滑手势，呼出功能菜单。

❸ 在功能菜单中点击"新建列表"，输入歌单名称。

以上操作如图 **7-21** 所示。

图 7-21　建立新列表

7.2　Surface 视频

Surface 不仅可以播放音乐，对视频的支持也同样出众。内置的视频应用，可以直接获取视频库中的视频信息并播放。同时在应用商店中还有大量优质的第三方视频播放器。

7.2.1　原生视频播放器

❶ 如图 **7-22** 所示，首次登录视频应用后，先向视频库添加文件。具体操作方式与音乐库管理相同。

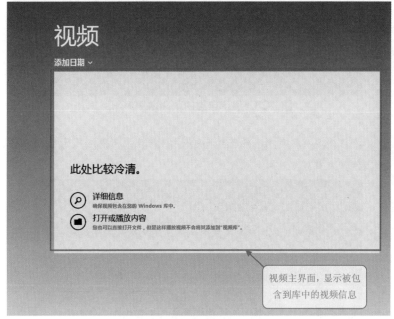

图 7-22　Surface 视频应用首页

❷ 添加成功后，被添加的视频信息会在前台被展示。使用选中手势选中磁贴，在弹出的功能菜单中点击"播放"以观看视频，如图 **7-23** 所示。

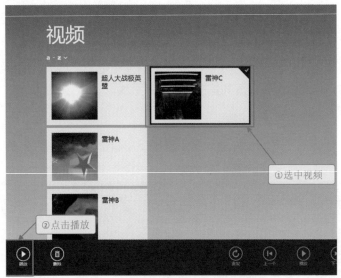

图 7-23　展示存放在库中的视频信息

❸ 如图 **7-24** 所示，点击屏幕以控制播放或暂停，拉动进度条以控制播放进度。

图 7-24　视频播放界面

7.2.2　在线视频软件推荐

虽然 Surface 配备了 USB 接口支持从移动设备进行资源复制，但在无线网络如此发达的今天，用 Surface 宝贵的硬盘资源来存放视频资源似乎并不太明智。

1. 使用在线商店安装在线视频应用

在 Windows 应用商店中，已经为用户提供了诸多优秀的在线视频客户端。

图 7-25 显示了商店中视频应用列表，各大在线视频服务商都十分珍视在 Surface 上的表现机会，纷纷上线了 Windows RT 版本的应用。下载应用的具体操作不再赘述。

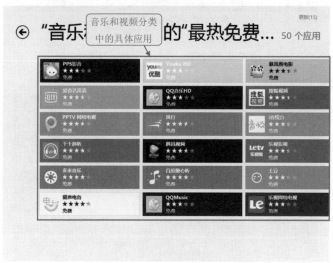

图 7-25　音乐和视频分类应用列表

2. PPTV 应用

PPTV 是一款优秀的在线播放软件，在 Windows 桌面系统、安卓系统和 iOS 系统中的优秀表现印证了它不凡的实力。

❶ 下载完成后，在开始屏幕点击 PPTV 磁贴，进入应用。图 7-26 所示为 PPTV RT 版主界面。

图 7-26　PPTV 首页界面

❷ PPTV 应用提供了电影、电视、热点和动漫等多个频道，如图 7-27 所示。点击"电视剧"进入电视剧频道。

图 7-27　PPTV 分类影片推荐

❸ 在电视剧频道界面使用上滑手势，呼出筛选器，以时间、地区及清晰度等条件筛选剧目，如图 7-28 所示。

②选择分类与排序方式

①使用上滑手势

图 7-28　按条件筛选剧集

❹ 在筛选列表中点击剧集磁贴进入详情页面，查看剧情介绍和剧集分集等信息，如图 **7-29** 所示。

剧情介绍

点击播放电影

7-29　具体剧集详情页面

❺ PPTV 为用户提供了海量高清视频。PPTV 服务器对资源进行了高质量压缩优化，客户端采用先进的多缓冲技术。从实质减少

用户等待反馈的时间，保证影片清晰度，提高用户体验。如图 7-30 所示为视频播放效果。

图 7-30　媒体播放效果

❻ 在剧集页面中可以执行离线下载。点击"下载"选项卡，在该页面中使用选中手势选中磁贴，在功能菜单中点击"加入下载"，开始下载影片。如图 7-31 所示。

图 7-31　影片详情界面执行下载

❼ 点击如图 **7-31** 所示界面右上角的 🔳 图标，进入个人中心，如图 **7-32** 所示。在个人中心中，点击"正在下载"选项卡，查看影片下载进度。

图 7-32　显示正在下载影片的进度

实战Surface
平板地图导航

　　Surface 沿袭了 Windows 操作系统一惯优秀的网络接入能力，在 WLAN 网络中表现出很强的稳定性和流畅度。在用户外出旅行、商务出差时，无论在何种网络环境下都有令人满意的表现。本章，您将看到 Surface 商务之后动感的一面，拥有它您可以轻松完成旅行途中的导航、酒店和航班预定等必要功能。

【本章导读】

- Surface 导航与定位
- Surface 旅行应用
- 出行应用推荐

8.1　Surface 导航与定位

8.1.1　Surfacef 地图应用

1. 地图定位

　　❶ 在开始屏幕中点击地图应用磁贴，进入 Surface 地图应用，如图 8-1 所示。

图 8-1　开始屏幕中的地图应用

❷ 如图 8-2 所示，进入应用中后，显示国家级比例尺下的地图视图和当前用户的定位。

图 8-2　国家级比例尺地图视图

❸ 在图 8-2 的视图中，对屏幕使用缩放手势或点击屏幕左侧的缩放按钮，逐层放大地图比例尺，如图 8-3 所示。

图 8-3　街道级比例尺地图视图

❹ 使用上滑手势调出功能菜单,在功能菜单中点击 "我的位置",如图 8-4 所示,在地图中定位用户位置。

图 8-4　上滑手势调出功能菜单

2. 搜索路线

❶ 在如图 8-4 所示的界面中,点击功能菜单右下角的 按钮,弹出路线输入框。在起点和终点的输入框内输入地名,点击终点输入框后的 ➡ 图标,生成路线。如图 8-5 所示。

图 8-5　填写路线的起点和终点,搜索路线

❷ 如图 8-6 所示，生成的路线包括地图显示与屏幕上部的路线描述两部分。路段以转弯进行划分。

图 8-6　查询路线并显示

❸ 每次完成一个路段的行驶后，在屏幕上方的路线描述界面中点击该路段，该路段终点将被重点标记，从而知道自己位置和下一段路的行驶方向，如图 8-7 所示。

图 8-7　点击路段信息

原生的地图应用功能较为简洁。用户可以从商店中选择第三方地图用以充实自己的旅游应用。

8.1.2　地图应用推荐

1. 下载地图应用

❶ 在开始屏幕中点击应用商店磁贴，进入应用。在商店的主界面中使用左滑手势呼出超级按钮，点击搜索按钮。如图 8-8 所示。

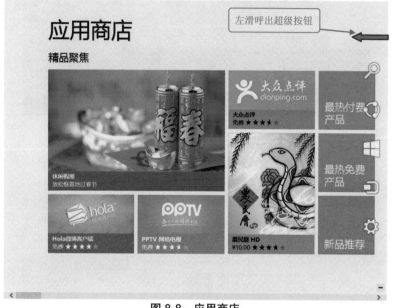

图 8-8　应用商店

❷ 如图 8-9 所示，在搜索输入框内输入关键字"地图"，点击 🔍 图标转入搜索结果页面。

图 8-9　应用商店搜索地图

❸ 结果页面的筛选器可以有效缩小选择范围。点击"高德地图"应用磁贴，下载并安装应用，如图 **8-10** 所示。

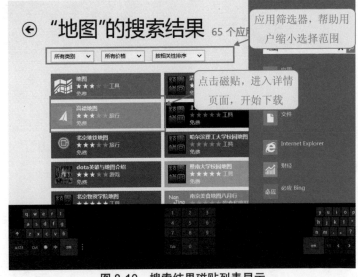

图 8-10　搜索结果磁贴列表显示

2. 高德地图

❶ 安装完成后，点击高德地图磁贴进入应用。首次进入时，应用会请求使用用户的当前位置，点击"允许"后，高德地图的定位功能便被开启。如图 8-11 所示。

图 8-11　高德地图请求使用位置

3. 高德地图定位

❶ 高德地图的主界面如图 8-12 所示，下面简略介绍主界面的布局。

(1) 地点查询文本框。

(2) 用户所在位置。

(3) 当前比例尺。

(4) 地图视图选择。

(5) 比例尺及用户位置定位。

图 8-12　高德地图主界面

❷点击"地图视图"功能块，按照需要来选择不同的视图，如图 8-13 所示。

图 8-13　选择卫星视图

4. 高德地图周边搜索

❶ 在主界面使用上滑手势，呼出功能菜单。点击"周边搜索"按钮，在弹出的对话框展示周边的搜索主题，如图 8-14 所示。

图 8-14　周边搜索

❷ 在图 8-15 中，选择餐饮作为搜索主题，应用将视野中的餐厅全部定位出来，并在屏幕上方做地点描述。

图 8-15　周边搜索结果

5. 高德地图搜索路线

❶ 点击如图 8-12 所示地图主界面上方的搜索框，实现路线搜索。搜索的操作如下。

(1) 起点可使用默认设置，即当前定位。

(2) 或点击"地图选点"，使用地图上的点作为路线起点。

以上操作如图 8-16 所示，

图 8-16　高德地图路线搜索

(3) 在目的地输入框中输入地点关键字，应用给出联想词提示。

(4) 点击联想词，以精确定位目的地。

(5) 输入完成后，点击 ➡ 图标，开始查询路线。

以上操作如图 8-17 所示。

图 8-17　目的地精确定位

❷搜索结果如图 8-18 所示，路线信息包括全程的公里数与行车方案。分别提供驾车与公交两套方案，并以用时、费用和拥堵状况等条件作为区分条件，点击选择最适合的路线方案。

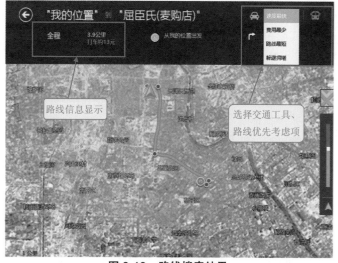

图 8-18　路线搜索结果

❸ 如图 8-19 所示，在功能菜单中点击"更多"按钮，展示地图的高级功能。不仅可以查看天气、共享位置，还可以下载离线地图。

图 8-19　点击更多，使用高级功能

6. 高德地图离线地图下载

❶ 在图 8-19 所示页面中，点击"更多"，选择"离线地图"，进入如图 8-20 所示的界面，下载地图操作如下。

(1) 在列表中选择城市。

(2) 对城市名称磁贴使用选中手势。

(3) 在弹出的功能菜单中，点击"下载"。

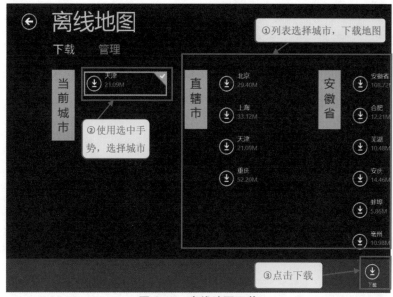

图 8-20　离线地图下载

7. 高德地图路线收藏

❶高德地图对于经常使用的线路，提供了线路收藏的功能。用户可以对自己常用的快捷线路进行收藏和分享，方便自己，利于他人。收藏操作如下。

(1) 完成路线搜索后，在界面中使用上滑手势呼出功能菜单。

(2) 点击功能菜单左下角的"收藏线路"按钮，如图 8-19 所示。

(3) 在弹出的菜单内，修改路线名称并收藏，如图 8-21 所示。

图 8-21 收藏路线

8.2 旅游应用

旅游应用是 Surface 基于 Bing 数据支持的出行参考应用。应用以景点城市为单位，提供不同侧重的大量旅游信息。

8.2.1 Surface 旅游应用

❶ 在开始屏幕内点击旅游磁贴应用，如图 8-22 所示。

图 8-22 在开始屏幕点击旅游应用

❷进入旅游应用后，首页显示旅游专题推荐城市，如图 8-23 所示。点击背景图可进入该城市专题，使用手指向左滑动，顺序显示旅游应用的各分类功能块。

图 8-23 旅游应用首页

❸ 使用手指滑过首页，进入"精选目的地"板块，如图 8-24 所示。点击写有"内华达州拉斯维加斯"的图片后，进入该景点专题。

图 8-24 精选目的地

1. 城市信息概述

❶ 图 8-25 为进入分景点专题的效果图。分景点专题沿袭 Windows RT 应用经典的横向布局结构，使用手指在首页向左滑可以浏览专题下的各板块内容。

图 8-25 景点专题

❷ 在主界面使用手指向左滑动，进入景点概述。该页面内还显示本城市汇率及到达本城市的航班信息，如图 8-26 所示。

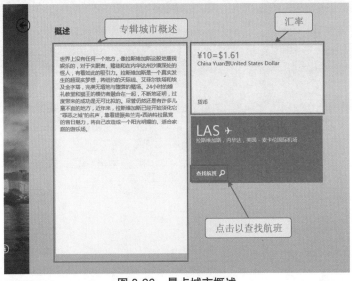

图 8-26 景点城市概述

2. 航班信息

❶ 在如图 8-26 显示的界面中，点击"查找航班"，转入查找航班功能。航班查询界面下，目的地机场被定位在当前的专题城市，起飞机场由用户输入。在界面右侧提供了机场的全景图片。如图 8-27 所示。

❷ 选择始发地的操作如下。

(1) 在如图 8-27 所示的界面中，点击 ⊙ 图标使用定位功能，点击后弹出对话框请求开启定位服务，如图 8-28 所示。点击"允许"后，应用将自动定位用户所在位置，匹配到最近机场。

图 8-27　航班查询

图 8-28　航班查询请求定位

(2) 使用手动输入时，点击始发地输入框，在弹出的虚拟键盘中输入机场关键字。应用提供匹配机场的名称信息以供选择，如图 8-29 所示。

图 8-29　输入起飞机场

❸ 确定起飞机场之后，在如图 **8-29** 的界面中点击"获取航班信息"，应用将显示航班时间表，如图 **8-30** 所示。

图 8-30　航班信息搜索结果列表

❹ 当搜索结果过多时，点击图 **8-30** 所示筛选框中的"航空公司"条目，在弹出的下拉航空公司中，选中公司名称，有效缩小备选范围，如图 **8-31** 所示。

图 8-31　设置筛选信息

❺ 筛选完成后，点击航班列表项将展开详细信息。信息包括起飞时间、经停时间和到达时间等，如图 8-32 所示。

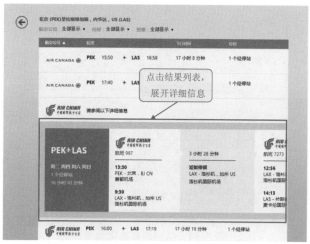

图 8-32　点击搜索列表显示航班详细信息

❻ 在航班查询功能中，点击"状态"选项卡，进入查询航班状态子功能，如图 8-33 所示。

图 8-33　搜索航班状态

❼分别键入航空公司和航班号，点击"获取状态"，在右侧将显示相关信息，如图 8-34 所示。

图 8-34　航班信息查询结果

3. 城市风光图片

应用为每个景点城市都配备了大量高清照片，给用户对于该城市重要的第一印象。

❶在主界面使用手指向左滑至"图片"板块，如图 8-35 所示。点击缩略图将浏览幻灯片大图。

图 8-35　景点城市图片

❷图片涉及该景区的人文、文化、自然和风土人情等多个领域，点击图片左上角的◉图标，返回城市专题，如图 **8-36** 所示。

图 8-36　点击缩略图浏览大图

旅游应用不仅包含了大量高清照片，同时还提供了专为 Surface 优化的更有代入感的全景照片。

4. 全景照片

❶在主界面使用手指向左滑动进入"全景"板块，如图 **8-37** 所示。全景照片以 **360** 度全方位拍摄，按照用户的喜好左右上下移动，仿佛身置其中。点击全景缩略图进入对应的全景照片。

图 8-37　景点全景图缩略图

❷ 图 8-38 为进入全景的初始效果。

图 8-38　进入全景照片

❸ 使用手指拖动屏幕向左滑动后，视角也随之移动，初始图片中的人物此时产生侧角效果，如图 8-39 所示。

图 8-39　使用手指右转镜头

❹ 继续使用手指向左下方滑动，如图 8-40 所示，镜头继续向右转动，并产生一个仰角。

图 8-40　使用手指向上移动镜头

❺全景照片让用户仿佛置身镜头中的世界中，俯仰皆为景色，如图 8-41 所示，随用户心意转动，不留死角。点击全景照片左上方的 ◉ 符号，返回城市专题。

点击返回城市专题

图 8-41　全景照片效果图

5. 城市景点及酒店推荐

❶旅游应用不仅给出了景点城市的概况介绍，同时还提供了景点和酒店的推荐信息作为参考。在如图 8-42 所示的界面中，左侧为本城市的景点推荐，右侧显示酒店信息。

图 8-42　旅游应用推荐旅游景点

❷在图 8-42 所示的界面中点击"查找酒店",进入如图 8-43 所示的界面。在城市输入框中手动输入或点击 ⊕ 图标定位城市,点击"搜索酒店",显示本城市酒店信息。

图 8-43　搜索酒店

❸ 图 8-44 为应用搜索得到的酒店信息结果列表，信息包括酒店 LOGO、费用和星级等，在酒店列表中有与航班页面相同的筛选器，操作不再赘述。

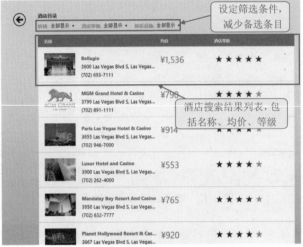

图 8-44　酒店查询结果列表

❹ 在列表项中点选酒店，进入酒店详情页面。该页面包括酒店介绍、评星情况、平均消费和娱乐设施等信息，如图 8-45 所示。

图 8-45　点击进入酒店介绍界面

❺ 在该页面内使用手指向左滑动，概述板块后配有大量酒店内饰图片，如图 8-46 所示，图片查看方法与在旅游应用中完全一样。点击左上角后退图标，返回概述界面。

图 8-46　酒店内景图片

6. 手指的全球精品游

我们已经见识了全景照片的奇妙之处，在旅游应用中，配置了全景照片让用户体验置身其间的真实体验。

在主界面中使用手指向左轻滑可以找到"全景"板块。"全景"以景区为单位提供全景照片组。点击板块内的图片进入全景照片，通过滑动镜头，360 度赏鉴世间美景，如图 8-47 所示。

图 8-47　全景照片欣赏

7. 官方旅游专题杂志

在旅游应用中，官方提供了精美的游览杂志。在主界面中使用手指向左轻滑至"杂志文章"板块，如图 **8-48** 所示。官方杂志为用户展示最全面的风土人情和异域风光。

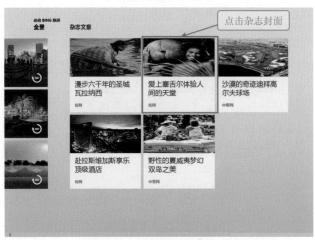

图 8-48　旅游应用官方杂志

❶ 在图 8-48 所示界面下点击杂志封面图，进入杂志正文开始阅读，如图 8-49 所示。

图 8-49　杂志内容

8. 快捷通道

在旅游应用主界面上使用上滑手势呼出功能菜单，从菜单可以直接进入目的地专题、查询航班、查询酒店和推荐网站界面。如图 8-50 所示。

图 8-50 旅游应用首页调出功能菜单

❶ 在如图 **8-50** 所示的界面中，点击"目的地"按钮，输入"北京"直接进入中国北京的旅游专题，如图 **8-51** 所示。

图 8-51 中国北京旅游专题

❷如图 8-52 所示，中国北京景区的板块设置及详细信息与前面章节基本相同。

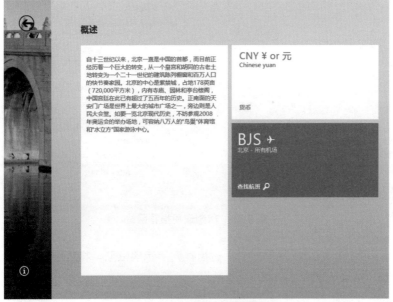

图 8-52　景点城市北京概况介绍

9. 旅游应用推荐实用网站

在旅行应用中，官方还为用户精心选择了出行时可以为用户提供优质服务的一系列网站。在如图 8-50 所示的页面中，点击"精选网站"按钮，进入如图 8-53 所示的界面。页面上提供了大量在用户群中受到好评的网站，涵盖机票、车票、酒店、拼车和旅游功略等多个方面。

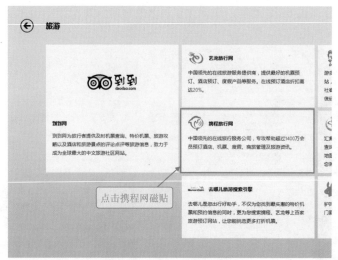

图 8-53　旅游应用推荐网站

❶在图 **8-53** 的界面中点击携程网所示的磁贴，将转到 Modern IE 界面访问网站，如图 8-54 所示。

图 8-54　点击磁贴，其网站会在 Modern IE 中打开

8.2.2　出行旅游应用推荐

用户不仅可以使用 Surface 提供的官方旅游应用，也可以在商店的旅行应用列表中选择合适的应用，下面推荐几款优秀的应用。

1. 携程应用

携程网是国内很有知名度的网络出游平台，在 Surface 上推出了其新平台下的应用客户端，用户可以从 Windows 的应用商店中找到并安装该应用。

❶ 安装完成后，在开始屏幕点击携程应用磁贴运行应用。首次打开应用之后，应用请求后台运行权限，如图 8-55 所示。选择"允许"，应用将会把接收到的最新消息以通知发送到前台；选择"不允许"，该应用将不会在后台运行。

图 8-55　携程应用首次运行

❷ 在主页面点击"团购"磁贴进入团购页面。页面中城市名称磁贴以拼音首字母为分组予以显示，如图 8-56 所示。点击可进入对应城市。

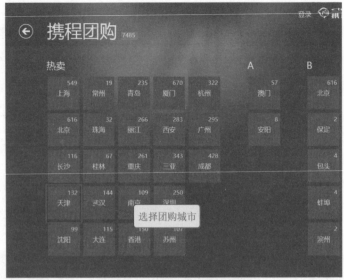

图 8-56 按城市选择酒店团购

❸ 进入后的城市页面中呈现了该城市的酒店团购信息。上方筛选框帮助用户选择合适的酒店。如图 **8-57** 所示。

图 8-57 进入城市酒店团购界面

❹ 点击酒店对应磁贴转至酒店详情，如图 8-58 所示。右侧详情页面交待酒店信息，点击图片下方的"马上团"橙色方块，进入团购付款界面。

图 8-58　酒店详情页面

❺ 在如图 8-59 所示的页面左侧填写了团购订单，右侧填写信用卡支付信息。信息填写无误后，点击"提交订单"，完成支付。

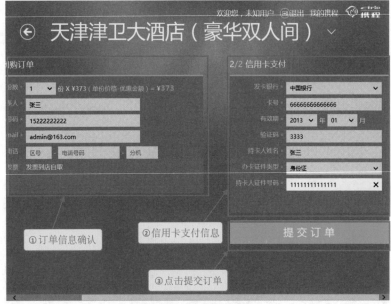

图 8-59　酒店预定页面

2. 极品时刻表

极品时刻表是一款优秀的免费应用，查询方便，并提供列车信息的在线升级。

❶ 图 8-60 是极品时刻表的主界面。左侧是出发和到达地点信息输入栏，右侧为用户提供便捷的首字母输入法。

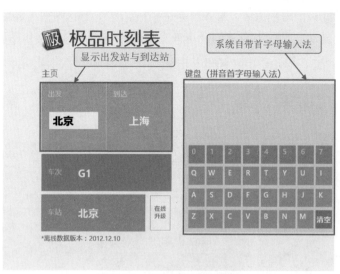

图 8-60　极品时刻表主界面

❷ 在如图 **8-60** 所示的界面中，使用右侧键盘输入字母"**T**"，输入框上方的备选区中显示所有以 **T** 开头的车站名称，如图 **8-61** 所示，选中"天津"。

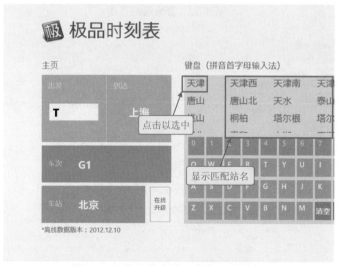

图 8-61　输入首字母，查找匹配站名

❸ 以同样的方式，输入到达站"北京南"。到达站被选定后，应用将自动显示所有天津到北京南车次的查询结果详情，包括历时、票价和发车抵达时间等，如图 8-62 所示。

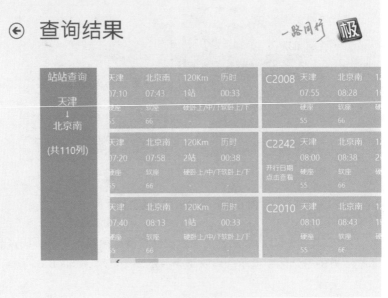

图 8-62　查询结果页面

3. 接机牌

接机牌是一款简单实用的应用，可以用于机场接人、车站接人和演唱会等许多场合。通过该功能，可以将 Surface 变成一块显眼亮丽的公示板。

图 8-63 为接机牌应用的主界面，设定接机牌的操作如下。

(1) 在左上角文本框中输入将在主界面显示的文字。

(2) 功能菜单中更改文字的字色和字号等属性。

(3) 点击"开始"按钮，播放跑马灯效果。

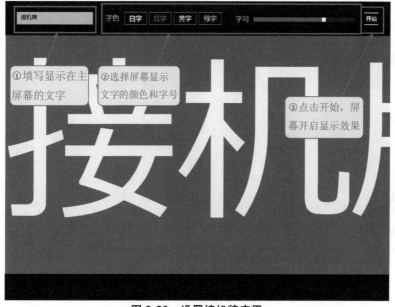

图 8-63　设置接机牌应用

Surface掌上书院

电子信息时代带来了阅读的革命，用户轻击屏幕轻点几下，便可以通过互联网访问全世界超过半数的书籍和资料。迅速免费的高扩展阅读方式是以前人们梦寐以求的。互联网使阅读更有效更有针对性，加快了人类知识的更新。而 Surface 在线商店中提供了大量图书和阅读软件，为用户提供了便捷的数字图书馆。

【本章导读】

- 电子书任你选
- 数字书库乐趣无穷
- 资讯阅读掌握时代

9.1　电子书任你选

Surface 在线商店中建立了专门的图书与参考分类，分类内包含了通过在线商店可以获取的参考资料、电子图书和阅读器应用。

9.1.1　应用商店图书下载

1. 图书下载

❶ 在开始屏幕点击进入应用商店，选择"图书与资讯"，进入分类，下载图书。使用应用列表上方的筛选器选择子分类，以缩小查找范围，如图 9-1 所示。

图 9-1　图书分类详细应用列表

❷使用左滑动手势调出超级按钮，点击搜索功能，如图 9-2 所示。

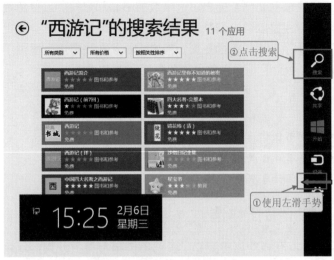

图 9-2　在商店使用超级按钮

❸在搜索框中键入关键字，点击 🔍 图标执行搜索，返回搜索结果，如图 9-3 所示。

图 9-3　使用搜索功能查找图书

❹ 点击书籍磁贴进入详细信息界面，查看概述、信息和评论，如图 9-4 所示。点击安装按钮，系统将自动进行应用下载与管理。

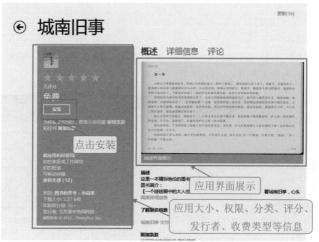

图 9-4　图书应用详细信息页面

图 9-5　下载后的图书与应用显示在桌面上

2. 阅读电子书

❶ 在如图 9-5 所示的开始屏幕点击对应的电子书磁贴，进入电子书阅读界面。

❷ 在阅读界面下，使用上滑手势调出功能菜单。"字体大小"和"阅读模式"帮助用户提高阅读质量；"添加书签"保证顺利继续阅读，如图 9-6 所示。

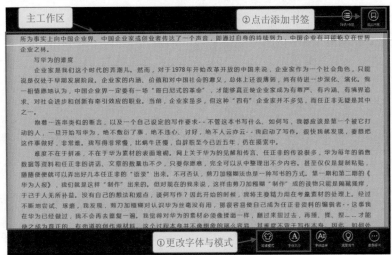

图 9-6 阅读书籍主菜单与功能菜单

9.2 数字书选择

用户不仅可以从应用商店中选择单行本电子书应用下载，也可以直接使用数字书库，集中管理本地的图书资源。

9.2.1 书库应用看天下

书库是一款优秀的电子书管理软件，可以从应用商店中下载。书库不仅可以有效管理图书，还配有 SkyDrive 同步功能，让用户随时可以连接到自己的书库。

1. 认识书库

❶ 首次进入书库应用时，需要阅读用户协议，并配置自定义设置。设置完成后便可以开始使用书库，如图 **9-7** 所示。

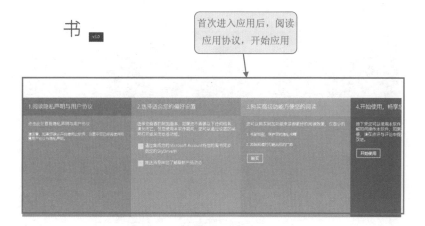

图 9-7　图书应用首次进入界面

❷ 书库主界面如图 **9-8** 所示，左侧功能块组服务于本地用户。右侧模块组提供在线阅读需要的各项基本功能。

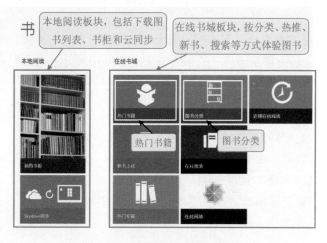

图 9-8　书库应用主界面

2. 开始阅读

❶ 在如图 **9-8** 所示的界面中点击在线书城中"热门书籍",应用转至热门书籍推荐列表,如图 **9-9** 所示。

图 9-9 推荐图书列表

❷ 在图 **9-9** 所示的列表页面中点击图书,开始阅读。同时图书的信息将存储至该用户的书架中,如图 **9-10** 所示。书架用来存放书籍的信息与阅读进度。

3. 图书下载

❶ 书库应用提供了图书下载功能,下载方法如下。

(1) 点击图书。

(2) 选择本地的书柜目录,开始下载。

(3) 下载情况以通知形式展示,如图 **9-11** 所示。

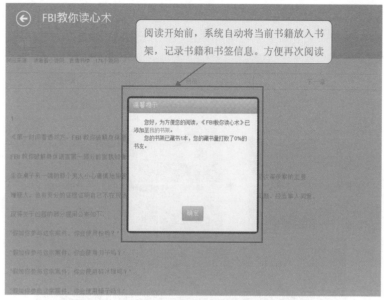

图 9-10　系统自动收藏记录用户阅读的图书信息

图 9-11　点击图书，选择在线或下载阅读

4. 书库搜索

❶ 在如图 **9-8** 中所示的界面中，点击书库主界面中的"在线搜索"，在搜索输入栏中输入关键词并搜索，如图 **9-12** 所示。

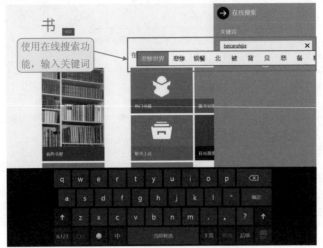

图 9-12　使用书库在线搜索功能

❷ 在图 **9-13** 所示的搜索结果页面点击图书，右侧弹出介绍窗口。点击"开始阅读"，进入图书内容页面。

图 9-13　搜索结果页面

❸ 在内容页面中，使用手指滑动以翻阅图书。内容界面上方配有字号设置、书签设定和屏幕亮度等阅读功能设定按钮。如图 9-14 所示。

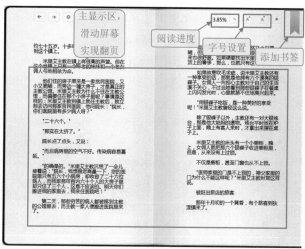

图 9-14　书库应用阅读界面

❹ 使用分类检索可以提高搜索效率。如图 9-8 所示的书库主界面中，点击"图书分类"，在弹出的页面中点击选择二级分类，如图 9-15 所示。

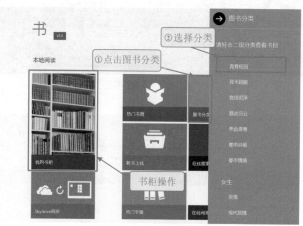

图 9-15　按分类查找图书

5. 书柜管理

在如图 9-15 所示的界面中，点击屏幕左侧"我的书柜"，弹出图 9-16 所示的书柜管理页面。书柜是书库应用提供的，由用户创建以区分不同种类的书籍的分类管理工具，新建书库步骤如下。

(1) 点击界面左上角的 按钮新建书柜。

(2) 为新的书柜命名，可以设置密码。

(3) 点击 按钮保存新建书库。

上述操作如图 9-16 所示。

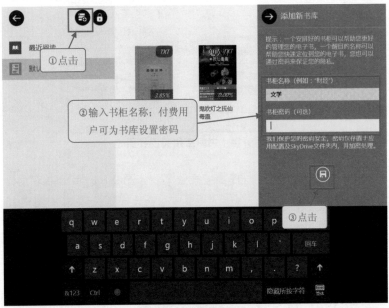

图 9-16 新建书柜

提示：书柜密码应用于各个被同步的主机上，并会被同步到 SkyDrive 服务器上。如果用户希望为书柜添加密码以保护隐私，需要从应用商店购买开通此项功能。

9.2.2　带着 SkyDrive 上路

　　书库提供 **SkyDrive** 同步功能，可以将本机下载的图书、书签信息以及书架内存储的信息同步到服务器上。用户可以无视地理位置和所用机器等客观因素，随时开启阅读之旅，其同步操作如下。

　　❶ 如图 **9-17** 所示，点击书库主界面 **SkyDrive** 同步，在弹出的同步询问框中，点击"立即开启"。

图 9-17　开启 SkyDrive 同步

　　❷ 同步开始前，系统会提醒用户该行为会对 **SkyDrive** 文件夹进行的变更和可能的结果。用户如果已经在 **SkyDrive** 中建立该文件夹或网络环境不足以支持执行后续操作，点击取消或转入 **SkyDrive** 管理文件夹。否则点击"开始同步"，进入下一步工作。如图 **9-18** 所示。

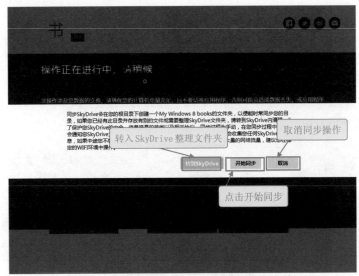

图 9-18　同步提示信息

❸同步开始后，应用向用户请求 SkyDrive 登录权限，如图 9-19 所示。点击"是"后，同步程序将登录 SkyDrive 系统创建同步文件夹。

图 9-19　同步开始后请求权限

❹传输数据的过程将被显示到前台，如图 9-20 所示。该过程建议保证电池电量充足，并不要切换程序。过程自动进行，不需要用户操作。

图 9-20　同步进行中，云端创建文件夹

❺建立文件夹之后，应用会将本地书籍上传至云服务端，如图 9-21 所示。如果不需要同步服务，选择"取消"；点击"继续"开始传输数据，应用自动运行直至同步过程结束。

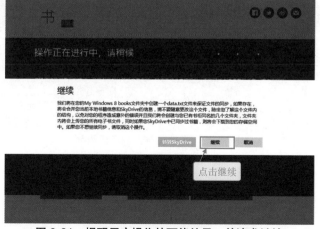

图 9-21　提醒用户操作的可能结果，并请求继续

9.3 从资讯看世界

Surface 不仅提供了大量图书资源，同时提供了界面简洁、内容丰富的新闻资讯应用。

9.3.1 Bing 必应资讯

Bing 必应资讯基于 Bing 搜索的海量数据，经过计算整理出最热门、最权威和最客观的资讯信息。用户可以轻易地在开始屏幕上找到 Bing 资讯应用。

1. 进入必应资讯

❶ 如图 9-22 所示，点击开始屏幕上的资讯磁贴进入应用。

图 9-22　开始屏幕上的资讯页面

❷ 如图 9-23 所示，进入资讯后，首页显示整版的头条图文新闻，点击该图片将进入详情阅读页。

图 9-23　资讯首页头版消息

❸从资讯首页使用手指向左滑动，遍历各个焦点板块，如娱乐、财经、国际等，如图 **9-24** 所示。

图 9-24　娱乐资讯板块

❹ 在资讯主界面使用缩放手势，每个分类将收缩为一个磁贴块，界面更加直观，如图 9-25 所示。

使用缩放手势，可收起各板块信息，仅显示分类

图 9-25 缩小版面，呈现缩略图

❺ 在图 9-24 所示的界面中，点击图文主题进入文章阅读页面，详情包括新闻正文、来源与更新时间，如图 9-26 所示。

图 9-26 娱乐资讯详细信息

2. 我的资讯

"我的资讯"是资讯应用中一项重要的用户定制功能，可以按用户给定的关键词定制资讯板块。设定步骤如下。

❶ 在阅读界面使用上滑手势调出功能菜单，点击进入"我的资讯"，如图 9-27 所示。

图 9-27　上滑手势调出功能菜单

❷ 在图 9-28 所示的定义主题页面中，点击右侧的"添加主题"，弹出添加主题关键词的输入框。

图 9-28　定制用户主题资讯

❸ 在添加主题的对话框中键入"nba"作为主题的关键词，如图 9-29 所示。

图 9-29　添加定制主题资讯

❹ 生成后的主题由 Bing 填满资讯简报，如图 9-30 所示，点击板块上方主题关键词"nba"，将浏览到更多的资讯。

图 9-30　定制资讯页面效果

9.3.2 板报资讯应用

板报资讯是一款极为成功的新闻聚合应用。应用将不同新闻平台资源进行整合与梳理，为用户搭建一个多角度、宽视野的新闻环境。

❶从开始屏幕点击板报应用磁贴进入应用，图 9-31 所示为板报应用首页。在该页面选择用户的阅读人群类型。点击"男人板"的蓝色头像区域，进入男人板主页面。

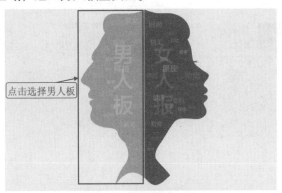

图 9-31 板报应用首页

❷主界面显示今日热点新闻与各资讯分类板块，如图 9-32 所示。

图 9-32 男人板主页面

❸在应用中使用手指向左滑动手势，依序浏览各分类资讯板块。点击板块名称，进入该分类详情页面。

图 9-33 分类列表页面

❹ 分类板块中以图文配合作为基础设计风格。最前端显示头版新闻，后面从左向右布局大量图文结合的专题文章，如图 9-33 所示。点击专题图片，进入正文内容页。

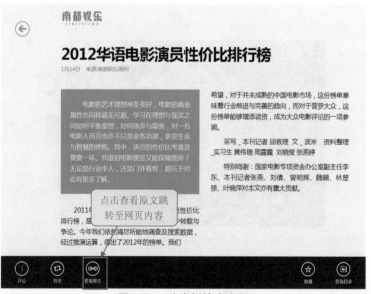

图 9-34 分类板块内容页

❺ 篇幅太大的正文会被缩减为简报。使用上滑手势调出功能菜单，点击"查看原文"，将在应用中浏览原文来源网页，如图 **9-34** 所示。

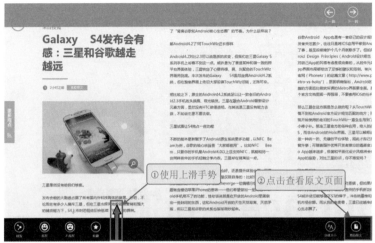

图 9-35　资讯内容详情页

❻ 在应用中查看原文时，应用将为用户推送源网页页面，为用户提供更全面的阅读内容。

图 9-36　查看文章来源网页

Surface酷玩游戏

从硬件性能上讲，**Surface** 的硬件配置，从处理器、内存或是硬盘来看都较同期上线的 **iPad** 高出一截。这给了 **Surface** 高速流畅运行 **Office**、驱动云服务的能力。也给游戏厂商提供了极大的发挥空间，以为用户提供高品质的游戏体验。

本章导读

● 联机对战 High 翻天
● 不可错过的经典游戏推荐

10.1　联机对战 High 翻天

10.1.1　使用应用商店武装 Surface

用户熟悉的应用商店中，不仅有大量实用的办工应用，也不乏大量火爆动感的游戏。**Windows** 平台一贯强调良好的移植性，所以大量安卓、**iOS** 平台上广受好评的游戏都快速发布了面向 **Surface** 的应用版本。下载游戏操作如下。

❶ 在开始屏幕点击应用商店磁贴，进入应用并滑动至游戏应用板块。在应用商店游戏分类中使用以下用三种方法查找下载游戏。

（1）在游戏首页点击显示推荐游戏的磁贴，直接进入游戏下载页面。

（2）点击右侧分类检索，依据付费倾向进入付费或免费专栏查找游戏。

（3）点击板块上侧的"游戏"，进入游戏应用列表页面。

以上操作在图 **10-1** 所示中被标注。

图 10-1　应用商店游戏版面

❷ 在应用列表页面，点击资源列表上方的筛选器，按照分类选择游戏，如图 **10-2** 所示。

图 10-2　游戏类应用列表

10.1.2　在线联机利器——Xbox 游戏应用

XboxLive 是微软专门为玩家提供的对战、交友平台。Surface
上的游戏信息与成就将同步整合到 Xbox 平台的服务器上，使用
Surface 可以享受与 Xbox 一样的游戏社区服务。

应用商店中的很多游戏都支持与 XboxLive 的交互服务，如图
10-3 所示，水果忍者游戏在开始前会与 XboxLive 交换信息。

图 10-3　游戏请求与 XboxLive 交互信息

1. 进入 XboxLive

在开始屏幕点击"游戏"应用磁贴，进入应用主界面。"游戏"
应用将整合玩家的游戏信息，并与 XboxLive 交互。

❶ 首次进入"游戏"应用界面如图 10-4 所示。主界面将在玩家
登录后显示本人正在进行的游戏活动。Windows 的游戏应用推荐板
块在主界面右侧，显示官方推荐的游戏应用。

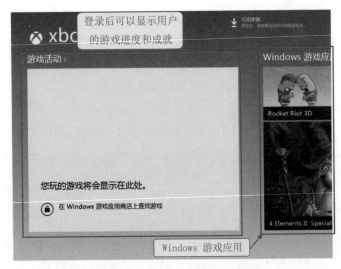

图 10-4　Xbox 应用初始页面

❷在主界面使用手指向右滑动，到达 **Xbox** 的聚焦板块。聚焦板块展示系统公布的游戏下载排名与推荐。排名由官方商店应用下载量和好评度整合，如图 **10-5** 所示。

图 10-5　Xbox 游戏聚焦

2. 登录个人中心

❶ 在如图 10-5 所示的界面中点击右上角登录，在弹出的登录对话框中输入微软账户信息，并点击保存，如图 10-6 所示。

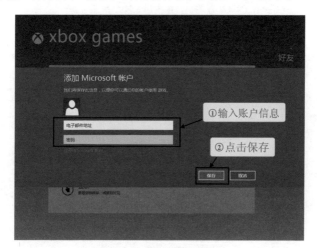

图 10-6　登录微软账户

❷ 登录 Xbox 游戏中心后，使用手指向右滑动至个人主页，如图 10-7 所示。

图 10-7　登录游戏应用后的用户个人信息页面

❸点击图 10-7 所示中的"创建虚拟形象"进入虚拟形象设定，系统随机为用户提供四个人物形象，选择并个性化设定的操作如下。

（1）选定形象，转入细节调节页面对该形象进行调整。

（2）点击右侧绿色刷新按钮，更新形象。

以上操作在图 10-8 中被体现。

图 10-8　系统随机展示两男两女四个虚拟形象

❹选定人物后，进入人物个性特征设定页面，设定操作如下。

（1）在下拉框中点击"身材特征"，为身材进行修改，同样在下拉框中进行其他细部项修改。

（2）调节过程中使用加减按钮选取不同角度校验效果。

（3）调整完毕，点击保存，用户定制的模型将被显示在个人资料页面上。

以上操作在如图 10-9 所示的界面中被体现。

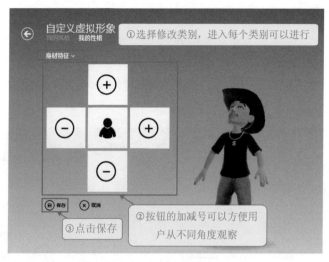

图 10-9　自定义虚拟形象

3. 档案编辑

在图 10-7 所示的界面中点击"编辑档案",进入编辑档案界面编辑玩家信息,如姓名、格言和位置等,如图 10-10 所示。

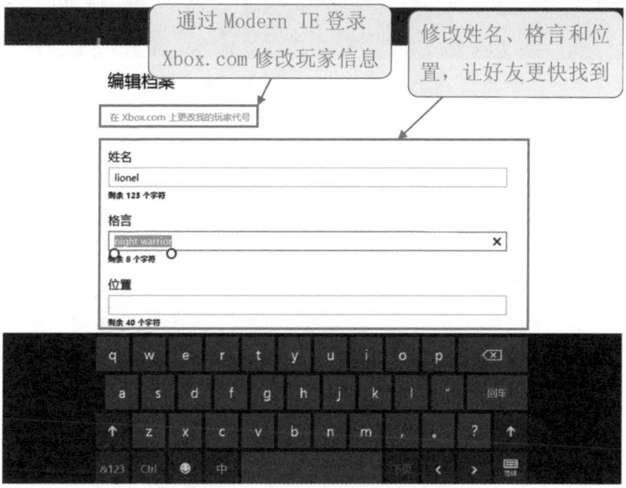

图 10-10　编辑玩家档案

4. 搜索好友

从"个人主页"向右滑动至"好友"。在"好友"板块内,通过搜索好友 **ID** 或名称,查找用户并加为好友,如图 **10-11** 所示。好友之间可以分享游戏成就、邀请联机或与约战 **Xbox** 主机上的玩家一起游戏。

图 10-11   在线查找好友

5. 管理游戏

使用 **XboxLive** 登录应用后,游戏活动板块内将展示与 **XboxLive** 交互的游戏信息。

❶ 如图 **10-12** 所示,本机玩家在 **XboxLive** 中关联的水果忍者和愤怒的小鸟两个游戏被显示在这个板块上。点击信息卡,弹出对应游戏的详情页面。

图 10-12　用户登录后展示游戏信息

❷ 详情页面显示水果忍者的游戏介绍、所处平台和分类信息等。点击"浏览游戏"，查看游戏成就；点击"播放"将直接运行游戏，如图 10-13 所示。

图 10-13　展示用户游戏详细信息

❸ 游戏成就页面显示有关游戏的进度和好友排行榜信息，如图 10-14 所示。

图 10-14　游戏成就界面

在"游戏"应用中，这种格式的游戏信息卡被普遍应用。好友发送的游戏邀请、内置的游戏排行榜都使用该格式的信息卡。

❹ 点击如图 10-14 所示界面的 ⬅ 按钮返回主界面。在游戏排行榜中点击推荐游戏，弹出游戏信息卡，如图 10-15 所示。

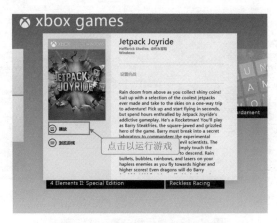

图 10-15　游戏应用推荐游戏介绍

❺ 点击"播放"后，若本地没有安装该应用，系统将自动弹出对话框，点击将转入应用商店，如图 **10-16** 所示。

图 10-16　本地没有应用时，给出商店跳转选择

10.1.3　国人的联机狂欢——QQ 游戏大厅

QQ 游戏大厅应用是腾讯公司推出的 QQ 游戏 Windows RT 版本应用，可以在应用商店免费获得。

❶ 在开始屏幕中点击 **QQ** 游戏大厅应用磁贴，凭 **QQ** 账号和 **QQ** 密码登录，如图 **10-17** 所示。

图 10-17　QQ 游戏大厅登录主界面

❷ **QQ** 大厅的主页面上现在配置了三个游戏：欢乐斗地主、英雄杀和 QQ 麻将，如图 **10-18** 所示。英雄杀与 QQ 麻将需要额外下载游戏包，欢乐斗地主被集成在主程序中，点击即进入游戏。

图 10-18　QQ 游戏主界面

❸ 进入游戏后，选择玩法，如图 **10-19** 所示，点击进入对应的游戏大厅。

图 10-19　斗地主游戏主页

❹ 进入游戏大厅后自动开始游戏，系统自动为用户快速配桌，如图 10-20 所示。

图 10-20　进入游戏

❺ 游戏界面中有历史牌记录、提示、抢地主和亮明底牌等功能按钮，玩法与桌面版无异，如图 10-21 所示。

图 10-21　游戏进行界面

10.2　不可错过的经典游戏推荐

10.2.1　水果忍者

水果忍者是一款风靡全球的休闲游戏。其目的只有一个——砍水果！屏幕上会不断跳出各种水果：西瓜、凤梨、猕猴桃、草莓、蓝莓、香蕉、苹果等，在它们掉落之前要快速地全部砍掉，玩家砍到炸弹或掉下三个以上水果，游戏就会结束。

图 10-22 所示为水果忍者主界面，划断水果，即将开始快乐刺激的忍者修行。

图 10-22　水果忍者游戏主界面

游戏提供了新版"禅模式"和"街机模式"的付费试玩，用户可以先进行试玩再确定是否愿意购买，如图 10-23 所示。

图 10-23 游戏模式选择

如图 10-24 所示,在游戏过程中,玩家可以充分体验 Surface 多点触控的流畅快感,尽情在游戏中体会刀光剑影的乐趣吧。

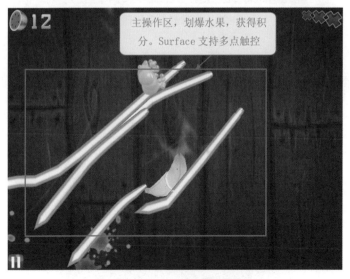

图 10-24 水果忍者游戏进行中

10.2.2　愤怒的小鸟

愤怒的小鸟是一款知名的物理弹射游戏，使用尽量少的鸟消灭所有猪，就可赢得胜利。游戏颜色靓丽，玩法多样。

图 10-25 展示了愤怒的小鸟游戏主界面。在 Windows 应用商店中，可以免费试玩该系列最新的作品，点击"BUY FULL GAME"可付费升级到完整版。

图 10-25　愤怒的小鸟星球大战版

玩家需要使用不同功能的小鸟配合角度和物理定律，消灭所有的猪，来达到通关条件，如图 10-26 所示。游戏有趣耐玩，官方不定期发出节日包，给用户带来节日的快乐与惊喜。

图 10-26　愤怒的小鸟游戏进行中